Silentio Decipiuntur

MOYENS
DE CONSERVER
LE GIBIER,
PAR LA DESTRUCTION
DES OISEAUX DE RAPINE,

Et les Instructions pour y parvenir.

TRAITÉ
DE
LA PIPÉE,

SECONDE EDITION,

Corrigée par l'Auteur & augmentée de plusieurs Chasses amusantes, & divertissantes, très-convenables aux Dames.

(par Simon)

Du Fond & en la Boutique de CL. PRUDHOMME.

A PARIS, AU PALAIS,

Chez JOSEPH SAUGRAIN, au sixiéme Pilier de la grande Sallè, vis-à-vis l'Escalier de la Cour des Aydes, à la Bonne-Foi couronnée.

M. DCC. XLIII.

AVEC PRIVILEGE DU ROY.

AVERTISSEMENT
de l'Auteur à ſon Lecteur.

LE Public ayant reçu favorablement ce petit Traité, je me trouve obligé par reconnoiſſance, de m'acquitter de la promeſſe que j'ai faite de lui procurer d'autres amuſemens auſſi innocens que la Pipée, en corrigeant pluſieurs fautes d'impreſſion qui s'étoient gliſſées dans la premiere Edition; j'ai augmenté celle-ci d'autres Chaſſes très-amuſantes & très-profitables, qui ſe font auſſi à la glue en différentes ſaiſons de l'année, à pluſieurs ſortes d'oiſeaux, comme les Vannaux, Pluviers, Grives Champenoiſes, Beccaſſins, Beccaſſines, Allouettes, Chardonnerets, Terrins, & tous autres ſemblables oiſeaux indiſtinctement, tant lors de la saison de la Pipée, que dans les autres, pendant lesquelles chacun peut s'amuser à la campagne.

Ces sortes de Chasses que je propose, & dont j'augmente ce Livre, ne sont pas moins amusantes que la Pipée; elles sont plus faciles à faire, sans craindre l'inconvénient de couper ni Bois, ni Taillis; & elles ne sont pas de moindre produit, puisqu'avec le plaisir qu'elles peuvent procurer, on fait souvent des captures, qui dédommagent avec usure de la peine qu'on se donnera à pratiquer ce que j'enseigne, de l'argent qu'on dépense pour l'achat de la glue, & du tems qu'on employe à la faire, ou à s'en servir avec succès, pour peu qu'on ait le goût de la Chasse; les moyens que je propose me paroissent être à la portée de tout le monde, & pouvoir se mettre facilement à exécution.

Comme les oiſeaux que je viens de nommer, ne ſont pas de l'eſpéce des oiſeaux de rapine, qu'on prend à la Pipée, leur priſe n'eſt pas d'une telle conſéquence pour la conſervation du Gibier ; néanmoins on ne doit pas s'oppoſer à cette Chaſſe, qui n'eſt, à la bien prendre, que pour des oiſeaux de paſſage, qui eſt défendue tout au plus dans les plaiſirs du Roi, où l'exactitude de ceux qui ſont propoſés à y veiller ne la tolérent que très-difficilement, à cauſe qu'on en peut abuſer, quoique la glue ne puiſſe arrêter ni Perdrix, ni Faiſands, & que les filets d'Allouettes au miroir ſe permettent à des perſonnes connues ; mais s'expoſer à tendre des filets ou de la glue dans les lieux deſtinés aux plaiſirs du Roi, ſans une permiſſion en forme, ce ſeroit mériter d'eſſuyer toute la ſéverité des défenſes pour tous Gibiers indiſtinctement ; mais hors ces lieux, pour peu qu'on en ſoit éloigné, quoique la plûpart des Seigneurs ſoient jaloux de leurs Chaſſes, ils le feroient trop de s'oppoſer dans leur dépendance à l'amuſement de fort honnêtes Gens, qui s'y trouvent particulierement dans des tems de vacances, qui, pour ne pas être oiſifs, & pour paſſer le tems plus agréablement, s'amuſeroient à prendre ces ſortes d'oiſëaux, dont aucunes Ordonnances ne défendent la Chaſſe, & dont la deſtruction n'eſt pas inutile, puiſqu'on épargne ce dont ils ſe nourriſſent, quoiqu'ils ſoient bien moins préjudiciables aux biens de la terre, que tous ceux dont il eſt fait mention dans le Traité de la Pipée.

Quoiqu'il en ſoit, on ne doit point s'expoſer à recevoir plus de déplaiſir que de plaiſir en s'attirant des affaires pour ſi peu de choſes ; il faut donc pour prendre un amuſement, que ces ſortes de Chaſſes peuvent procurer, être aſſuré qu'on n'y ſera ni troublé en les faiſant, ni inquieté pour les avoir faites. Je ſerois fâché de donner des envies de plaiſirs, dont on puiſſe ſe repentir, quoique je ne ſois que la cauſe innocente des inconvéniens qui en peuvent naître, mon intention n'étant pas d'induire dans l'erreur. J'avertis mon Lecteur, de prendre à cet effet les précautions ſages, prudentes & convenables pour prévenir tous les déſagrémens qu'il pourroit eſſuyer, pour s'y être riſqué & livré trop inconſidérement.

AVIS AU PUBLIC.

LA glue eſt le plus ſouvent ſi ſale & ſi mal lavée, que ce n'eſt que de l'écorce broyée, incapable de ſervir ſans la relaver, & ſans en perdre une bonne partie à cauſe de ſa mauvaiſe préparation; & l'on n'eſt pas honteux de la vendre à ceux qui ne s'y connoiſſent pas, depuis 40 ſols, juſqu'à 4 liv. la livre, qui ne doit ſe payer que 30 ſols & même au-deſſous. Le Sr. Larſonnier Marchand Epicier-Droguiſte, rue des Lombards, près la rue S. Martin, à la Tête noire, en vend de très-bonne à un prix raiſonnable.

PREFACE.

DE toutes les Chaſſes, la plus commode, la plus divertiſſante, & la plus amuſante pour les Spectateurs, eſt la Pipée, dont je me propoſe de faire voir l'utile & l'agréable.

Cette Chaſſe qui eſt peu connue en France, & qui n'y eſt preſque point pratiquée, mérite que je l'y faſſe connoître ; ce n'eſt que parce qu'on ne ſçait de quelle façon elle ſe fait bien, qu'on ſe prive d'un plaiſir que les Dames rechercheront avec empreſſement, & dont les Seigneurs & les Particuliers ſe feront un amuſement qui doit être libre & permis à tout le monde, pourvû qu'on en uſe avec la modération néceſſaire & convenable, & qu'on ne nuiſe point aux Taillis, lieu où elle ſe fait avec plus de ſuccès que par tout ailleurs.

Le Roi & les Seigneurs ont un intérêt très-ſenſible, non-ſeulement à tolérer, mais même à faire pratiquer cette Chaſſe aux tems convenables dans l'étendue de leurs domaines, pour peu qu'ils ſoient curieux de conſerver le Gibier ſur leurs Terres, comme Faiſands, Perdrix, Cailles, Liévres, Lapins, & autres de pareille eſpéce, & même pour la conſervation de leurs Futaies, par les raiſons que je déduirai ci-après.

Je ne prétens pas engager les Seigneurs à cette complaiſance, ſans les avoir convaincus auparavant, qu'ils ſont véritablement intéreſſés à tolérer la Pipée ſur leurs Terres, s'ils ne ſe ſoucient pas de s'en amuſer; & je démontrerai qu'elle eſt, pour ainſi dire, indiſpenſable, de quoi tout le monde conviendra, entraîné par une expérience journaliere, qui ne peut souffrir ni contradiction ni défiance, puisque mes raisons seront à portée d'un chacun, qui en pourra juger sainement par lui-même.

Comme mon intention n'est pas d'en imposer au Public, mais de lui procurer un plaisir dont il n'est privé que parce qu'il l'ignore, je me suis déterminé à lui faire part de mes connoissances sur cette Chasse, qu'une pratique de plus de 30 ans m'a acquises.

Il ne faut pas qu'on s'imagine que quelques motifs d'intérêts m'engagent à donner cette connoissance au Public : il perdroit de son côté si je l'en privois plus long-tems, il est vrai que je perdrai beaucoup du mien, parce que cette Chasse étant pratiquée dans la suite plus qu'elle ne l'est présentement, elle n'aura plus les mêmes agrémens pour moi, puisque le nombre des

Pipeurs étant augmenté, je n'en pourrai plus régaler avec autant d'applaudissement que de succès, les personnes à qui j'en ai donné très-souvent le plaisir.

La liberté de faire la Pipée, dont je souhaite que chacun jouisse, n'est pas un motif qu'on puisse m'imputer, comme intéressant ma propre satisfaction & mon plaisir, puisque cette Chasse n'est défendue par aucune Ordonnance de nos Rois, & que j'ai joui tranquillement de cette gracieuse liberté dans toutes les Terres des Seigneurs, où je me suis trouvé dans la saison propre à cette Chasse; & loin de m'empêcher d'exercer ce foible talent, ils m'ont exhorté, & même sollicité vivement à leur donner, & à leurs compagnies, cet amusement qu'on peut dire tranquille pour les spectateurs, mais qui est très-vif pour celui qui fait le personnage de Pipeur.

Je ne prétens pas que cette liberté

ſoit donnée à tous indiſtinctement ; car je n'entens pas qu'elle ſoit pour les Païſans, qui ſans raiſon, ſans égard, ſans diſcernement ne ſe font point de ſcrupule d'abuſer, ſouvent indiſcretement, & plus ſouvent malicieuſement, preſqu'en tous lieux & en tout tems, de la permiſſion qu'on leur donne, qu'ils amplifient ſans diſcrétion ; parce qu'étant incapables de raiſonnement, ils peuvent préjudicier aux Taillis où ils établiroient la Pipée, s'ils ne ſavent éviter le dégât qu'ils y feroient certainement par un abattis inconſidéré : ainſi j'entens qu'elle ne ſoit permiſe qu'à des perſonnes qui ont de l'éducation, de la prudence, du goût, du diſcernement & des égards ; c'eſt pour d'honnêtes gens que je dis qu'elle doit être tolérée, quand ils voudront la faire avec les précautions requiſes pour ne point préjudicier aux Taillis, & ne point dégrader les Bois, où ils feroient des Pipées.

C'eſt de mon expérience ſeule que je tire la matiere de ce Livre ; car je ne ſai perſonne qui ſe ſoit aviſé de parler à fond de cette Chaſſe, comme j'ai deſſein de le faire ; trop heureux ſi je réuſſis. Il s'en trouve quelque idée confuſe dans la Maiſon Ruſtique, & même dans les Ruſes innocentes ; mais les inſtructions qu'elles contiennent, ſont inſuffiſantes, non-ſeulement pour en inſpirer le goût & l'envie à ceux que la paſſion de chaſſer indiſtinctement domine, mais pour donner une connoiſſance exacte & réguliere de la façon de faire la Pipée, de la ſaiſon convenable pour y réuſſir, des Bois & Taillis où on peut l'établir, de la ſituation & attention qu'il convient avoir ; ſans quoi la Chaſſe eſt infructueuſe, & plus rebutante qu'amuſante.

Toutes ces raiſons ſont le véritable motif qui m'a déterminé à écrire ceci pour le Public, à qui je ſouhaite procurer des plaiſirs innocens : je ſerai dédommagé ſuffiſamment de mon travail, s'il le trouve de ſon goût ; s'il excuſe la diction peu correcte de mon ſtile, auquel je me ſuis moins attaché, qu'à me faire entendre ; & s'il veut bien me paſſer quelques termes de Pipée, peu connus d'ailleurs, ou peu en uſage.

De l'utilité de faire la Pipée pour conſerver le Gibier dans une Terre.

PERSONNE n'ignore que les Oiſeaux de proie, comme la Buſe, l'Eprévier, l'Emouchet, l'Emerillon & autres de cette eſpéce, ſont très-préjudiciables au petit Gibier ; tels ſont le Levreau, le Lapreau, la Perdrix, Perdreaux, Cailles, Cailleteaux, Faiſandeaux, &c.

On ne peut douter que les Corbeaux ne leur faſſent la chaſſe ; les Pies ſont très-gloutonnes de ces eſpéces de Gibiers, elles n'en épargnent point, & elles détruiſent l'une & l'autre des eſpéces dont je viens de parler, non-ſeulement après que les petits ſont éclos, mais elles détruiſent les œufs & les nids ; d'abord qu'elles ont donné ſur une compagnie de Perdreaux ou de Cailleteaux, elles ne ceſſent point qu'elles n'aient avalé ou détruit toute cette petite troupe, ſans qu'il en échappe un ſeul.

J'ai vû deux Corbeaux chaſſer un gros Liévre, qu'ils attraperent à la fin, & que je leur ôtai. Ce Liévre avoit pris la route d'un côteau, croyant trouver ſon ſalut dans la fuite & échapper plus ſûrement à la pourſuite du Corbeau qui le ſuivoit ; mais ſon compagnon, autre Corbeau chaſſeur attentif à ce qui ſe paſſoit, avoit gagné le haut du côteau, où le Liévre arrivé s'en croyoit quitte, mais il ne fut pas long-tems dans l'erreur ; car le

ſecond

second Corbeau l'ayant attein , il fallut qu'il regagnât le bas du côteau où le premier l'attendoit : & après bien des tours & des détours de la part de ce pauvre fugitif, qui ne trouvoit point de buissons pour se garantir de la violence de leur poursuite, (la Campagne étant rase & dépouillée,) le Liévre fut tellement fatigué par ces deux Chasseurs d'intelligence, qu'ils réussirent à lui crever les yeux & s'en saisir, sans que ses cris redoublés pussent les rebuter ni les exciter à pitié ; s'étant disposés à en faire la curée, je fus leur enlever le fruit de leur chasse, dont ils parurent ne pas être contens, ils ne pouvoient se persuader de mon injustice, étant retournés plusieurs fois dans l'endroit, pour s'assurer si le vol que je leur avois fait étoit certain.

Les Geais même se mêlent aussi d'avaller les jeunes Perdreaux &

Cailleteaux, & ils préjudicient infiniment aux Bois par la quantité de glands qu'ils avalent, & qu'ils font périr en les piquant, leur piqueure les rendant ſtériles, au lieu qu'étant ſemés & diſperſés dans les Forêts, ils germeroient & reproduiroient leur eſpéce, qui repeupleroit les endroits vuides de ces Forêts : tout le monde ſait que le chêne eſt le plus propre de tous les bois à preſque toute ſorte d'ouvrages.

Les Piverds, qui percent les arbres les plus ſains à coups de becs, ſont auſſi très-préjudiciables non-ſeulement aux Mouches à miel pendant l'Hiver, mais auſſi aux plus beaux arbres des Forêts en toute ſorte de tems ; car ils ſe font une occupation continuelle de percer les arbres en pluſieurs endroits, ils y creuſent de grands trous ronds ſi profonds, que les arbres les plus vifs déperiſſent en peu de tems, parce que l'eau de pluie venant à tomber de tout vent, & s'introduiſant par ces trous dans le corps des arbres, les fait pourrir & gâter en très-peu de tems, ce qui cauſe des pertes très-conſidérables & irréparables par le déperiſſement des plus beaux chênes.

On ne croiroit pas que les Renards, qui n'épargnent point aſſurément les eſpéces de Gibier dont j'ai parlé, viennent très-ſouvent à la Pipée : je ne l'aurois point crû moi-même, ſi je n'avois vû des Renards occupés à ramaſſer & à manger fort effrontément les oiſeaux qui tomboient des perches éloignées de la loge, ou qui s'échappoient en courant ; & tandis que j'en ramaſſois dans une route, ils en ramaſſoient dans une autre, ils étoient même plus habiles que moi, car ils n'en laiſſoient point échapper par la vîteſſe dont ils ſont capables dans un Bois, où pour peu qu'il ſoit garni & fourré d'épines ou de ronces, le Pipeur ne court pas si librement qu'eux.

Ce n'est pas que je veuille faire entendre que les Renards viennent à la Pipée attirés par le son & la voix contrefaite du Hibou ou de la Chouette ; je ne prétens point faire tomber le Lecteur dans cette absurdité, mais il conviendra aisément qu'ils y sont attirés par les cris des oiseaux qui sont pris ou tenus ; & comme on ne fait pas beaucoup de bruit, après qu'ils ont écouté quelque tems chemin faisant, ils s'approchent & viennent très-hardiment attirés par l'appas de ces oiseaux, qui crient de toutes leurs forces & qu'ils croient détenus dans des piéges ; d'abord qu'ils ont tâté de cette amorce, rien n'est capable de les retenir & de les empêcher de faire leur profit, autant qu'ils peuvent de leur bonne fortune ; si le Pipeur avoit alors un fusil, il pourroit leur faire payer de leurs peaux les oiseaux qu'ils lui volent très-souvent ; & s'il s'en échappe quelques-uns avec le gluau, il n'est pas sauvé, car il devient la proie des Renards pendant la nuit.

S'imagineroit-on que les Loups sont capables de venir aussi à la Pipée, où ils sont attirés par le même motif que les Renards ? Il est vrai qu'ils ne sont ni si entreprenans, ni si hardis qu'eux, mais ils y viennent, puisqu'ils m'ont fait quitter & abandonner très-souvent la Pipée toute tendue ; il est vrai que j'étois fort jeune, & que je m'y trouvois seul & sans autre armes que ma serpe, qui ne suffisoit pas pour me garantir de l'inquiétude que bien d'autres plus âgés que moi auroient eue.

L'aventure arrivée à un de mes oncles, qui étoit aussi seul à la Pipée, confirmera ce que je viens d'avancer Un Loup s'approcha doucement de sa loge sans qu'il s'en apperçut, parce qu'il étoit venu, comme on dit, à pas de Loup; mon oncle occupé à faire crier les oiseaux qu'il tenoit dans ses mains, & qui ne s'attendoit point à pareille visite, fut surpris par ce Loup, qui s'étant jetté tout à coup sur la loge, où il ne croyoit trouver que les oiseaux qu'il y entendoit crier, posa ses deux pattes de devant sur les épaules de mon oncle qui étoit assis à terre, comme c'est l'ordinaire à la Pipée.

La surprise fit jetter un cri au Pipeur effrayé, ce qui épouvanta tellement le Loup, qu'il fut renversé dans sa retraite, qui fut aussi prompte & précipitée que désirée & peu attendue; il est vrai qu'ils eurent grande peur tous les deux, & on l'auroit eue à moins en pareille circonstance: rien n'attiroit certainement ce Loup à la Pipée que l'envie de croquer les oiseaux qu'il entendoit crier, & qu'il croyoit lui appartenir de bon droit & de bon jeu ; un fusil l'auroit payé dans ce moment de sa curiosité & de sa gourmandise.

On ne doit pas croire que de pareilles aventures soient bien fréquentes ; il faut que les Loups soient bien communs & bien affamés pour faire de semblables tentatives & des démarches aussi singulieres ; ainsi ces sortes d'aventures ne sont pas à craindre dans ces Païs-ci, où les Forêts sont petites, & les Loups peu nombreux.

Du profit de la Pipée, & des raisons pour la tolérer, la permettre, & même la faire pratiquer.

Le profit que procure la Pipée ne doit pas être difficile à prouver, non plus que les raisons de la permettre ; puisqu'on détruit & que l'on diminue considérablement par son moyen la plûpart de ces oiſeaux carnaciers & de rapine qui déſolent & qui dépeuplent les plaines les plus fertiles en gibier ; l'amuſement qu'elle procure, & le tems agréable qu'elle fait paſſer, ſont auſſi des motifs aſſez preſſans pour peſuader à ceux qui ſe ſentiront quelque penchant pour cette Chaſſe, qu'elle eſt très-utile, très-agréable & même profitable, car l'avantage qu'elle produit n'eſt pas petit, en fourniſſant à la Cuiſine une grande quantité d'oiſeaux de toutes eſpéces, comme Grives, Rouges-gorges & autres, qui ſont très-excellens rôtis, fricaſſés & frits; comptera-t-on auſſi pour rien de détruire tant d'oiſeaux, qui ne vivent pour la plûpart qu'aux dépens & au préjudice du travail & de l'induſtrie des hommes ; je ſçai bien qu'il faut que chacun vive, larrons & autres.

Il eſt bien conſtant que la plûpart de ces oiſeaux ne vivent que de de grains sur pied, semés & recueillis : d'autres ne se rassasient que de fruits, & qu'ordinairement ils en gâtent encore plus qu'ils n'en consument.

Il est donc très-évident qu'il est très-utile d'en diminuer le nombre, puisqu'ils sont nuisibles par tant d'endroits ; car quel dégât ne font-ils pas dans les Païs de vignobles ; & quand ils ne porteroient d'autres préjudices, que de dépeupler une plaine de toute sorte de Gibiers, dequoi personne ne peut disconvenir, cela doit suffire pour tolérer, permettre & même faire pratiquer la Pipée. Les Seigneurs sont bien persuadés de ces vérités, puisquils ont grand soin de faire détruire au Printems tous les nids de Pies que les Gardes-Chasses rencontrent, & qu'ils leur paient tant par piéces pour détruire les oiseaux de rapine & les bêtes puantes.

Chacun sçait que la Buse ne vit

pour la plû part du tems, sur-tout pendant l'Hiver, que de Perdrix, Levreaux, & Lapreaux; que les Emouchets, les Emérillons & autres ne vivent que de rapine pendant tout le cours de l'année, ainsi que les Corbeaux, les Pies & tant d'autres, qui se prennent au mieux à la Pipée: Ainsi peut-on avec quelque raison s'opposer à la destruction de tant d'animaux si préjudiciables en toutes manieres, & dont les attentions & les soins ne sont qu'à faire capture tant que la journée dure, n'ayant d'autres occupations: par quel moyen se peut-il conserver du Gibier dans une terre plus facilement que par la Pipée? Tous ces oiseaux destructeurs y sont bien plus préjudiciables que les Braconiers les plus adroits; cependant on néglige les véritables moyens de les détruire à très-peu de frais, car deux livres de glue dans une Automne suffiront pour en diminuer considérablement le nombre.

Si ces oiseaux sont préjudiciables dans une terre ; n'est-il pas de l'intérêt du Roi de les faire détruire au moyen de la Pipée dans tous ses Domaines, sur-tout dans ses Plaisirs ? Et pour cet effet avoir des personnes bien instruites de cette Chasse, bien gagées & bien payées pour la faire dans les endroits où la nécessité en est indispensable.

Les Seigneurs ne sont pas moins intéressés que le Roi à conserver le Gibier dans leurs terres ; la raison en est même plus pressante pour eux ; puisque la perte de leurs Gibiers, leurs récoltes, soit en grain, soit en vin, sont moins abondantes par la grande dissipation que tous les oiseaux en font. Ils ont donc un intérêt sensible à la destruction des oiseaux de rapine, qui n'ont d'autres occupations, que de chasser sans cesser un seul jour de l'année, puisqu'ils ne se passent point de manger, qu'ils ne jeûnent que quand ils ne peuvent faire autrement, n'ayant point de Carême à observer. Ainsi attentifs continuellement à remplir leurs ventres, avec quels soins, quelle exactitude, & quelle assiduité ne sont-ils pas occupés à se nourrir de vivres avec abondance.

Une Buse, dont les yeux sont si perçans, perchée sur le haut d'un arbre, voit tout ce qui remue dans une plaine, & si elle ne voit rien arrêtée, elle parcourt la campagne, en planant : quelque Gibier peut-il échapper à sa vûe, & à sa serre meurtriere ? Et quand elle a trouvé une compagnie de Perdreaux ou de Cailleteaux, elle ne l'abandonne jamais, qu'elle n'ait fait rafle de tout.

Tous les oiseaux de rapine sont-ils plus circonspects & plus discrets ? N'ont-ils pas aussi grand appetit ?

La Pie seule n'est-elle pas capable de détruire une plaine ? Les autres qui n'ont point d'autre objet que de vivre, ne portent-ils pas aussi très-grand préjudice aux arbres, aux grains & aux raisins ? J'atteste & je m'en rapporte aux témoignages de tous les gens de campagne, sur-tout des Laboureurs & Vignerons, qui ne peuvent disconvenir de la perte & du tort que les oiseaux leur font, tant aux champs qu'aux vignes.

Il n'y a pas un Merle qui n'avale pour plus de deux pintes de vin dans un tems de vendanges ; les Grives n'en avalent pas moins. Plusieurs petits oiseaux s'en mêlent aussi ; & la prudence & la ruse de tous les hommes ensemble ne sont pas capables de les empêcher de porter un préjudice aussi irréparable. Quelques coups de fusil dans une vigne, ou quelques moulinets à bruit, ne sont pas un remede suffisant, pour détourner les oiseaux d'aller chercher leurs vies partout où ils peuvent la trouver abondamment & commodément.

On ne peut douter que la Pipée ne soit un moyen très-efficace pour la destruction de tous les oiseaux, dont je viens de parler. Plusieurs personnes de la Cour, qui m'ont vû faire cette Chasse sans endommager les endroits où j'ai fait des Pipées, peuvent rendre témoignage à la vérité, & bien d'autres personnes qui m'ont vû & accompagné, & qui ont été étonnées de la destruction que j'en fais, & qu'on en fera toutes les fois qu'on s'y prendra comme moi, car elle est assurée; plusieurs personnes, dis-je, certifieroient au besoin que la Pipée est le moyen le plus sûr pour diminuer l'espéce de cette race si nuisible au Public.

Concluons donc, 1°. que la Pipée est si utile, qu'elle ne doit point être défendue indiſtinctement à toutes ſortes de perſonnes, & qu'elle eſt ſi agréable, qu'il n'y a preſque perſonne qui n'y prenne plaiſir, & qui ne s'en faſſe un amuſement très-gracieux pendant les Vacances ; le Païſan ſeul doit être exclu de ce privilege, puiſque lui ſeul peut en abuſer, & de plus que cette Chaſſe le détourneroit de ſon travail.

2°. Que le Roi & les Seigneurs ne doivent point empêcher & prohiber la Pipée, puiſque l'intérêt public & le leur particulier s'y oppoſent par les raiſons que j'ai dites & que je dirai dans la ſuite. Ce moyen de conſerver le Gibier & le plaiſir d'en trouver beaucoup en chaſſant, doivent être d'un grand poids ; car quel dégoût & quel deſagrément n'a-t'on pas à la Chaſſe, quand l'on ne trouve que très-peu ou point de Gibier ? On s'en prend ſouvent à des cauſes innocentes, mais la véritable est la trop grande quantité d'oiseaux carnaciers qui détruisent tout, dont la destruction intéresse même le Public, qui persuadé des vérités que j'ai avancées, aura pour agréable, s'il lui plaît, ce petit Traité que j'ai entrepris pour son utilité, celle des Seigneurs & leur satisfaction, dans laquelle je trouverai la mienne, s'ils reçoivent agréablement ce sacrifice que je leur fais avec plaisir de quelques momens de mon loisir, & des connoissances que jai acquises dans la pratique de la Pipée, la plus amusante, la plus tranquille, la plus commode & la moins fatiguante de toutes les Chasses, puisque les Chasseurs sont assis.

La façon dont le Public recevra ce foible présent, m'engagera à lui en faire d'autres aussi faciles à pratiquer que la Pipée.

Je croi avoir rempli mon engagement, & avoir prouvé suffisamment l'utilité & l'agrément de la Pipée. Je souhaite à mon Lecteur tous les plaisirs innocens que la Pipée m'a procurés, & que j'ai procuré à plusieurs personnes de considération des deux sexes, ausquelles elle a toujours donné un vrai plaisir. Je désire que le Public fasse bon usage des instructions que ce petit Traité renferme, & que les grands & les petits m'en sçachent gré.

TABLE DES CHAPITRES

Contenus en ce Traité.

PREFACE.

TABLE.

Fin de la Table.

TRAITE

TRAITÉ DE LA PIPÉE,

Chasse amusante & divertissante très-convenable aux Dames.

CHAPITRE PREMIER.

De la Pipée en général.

QUOIQUE la Pipée soit une chasse peu connue & peu pratiquée en France, & qu'elle y soit tellement négligée, qu'à peine en entend-on parler; elle mérite néanmoins l'attention du Public, puisqu'elle fait depuis très-long-tems l'amusement de quelques Cours étrangeres.

Elle est recommandable par son ancienneté, car je la croi presque aussi ancienne que les oiseaux, puisqu'elle est fondée sur leur antipathie mutuelle, & leur haine irréconciliable contre les oiseaux nocturnes, comme le Hibou, la Chouette, & autres, à l'exception des oiseaux aquatiques, & domestiques, des Faisands, Perdrix, Beccasses & autres, qui ne se branchent point, qui ne donnent pas de signes de leur aversion pour ces volatiles nocturnes, dont ils ne sont peut-être pas moins ennemis que tous les autres. Sçavoir si cette antipathie leur a été donnée au moment de la création, ou si elle leur est venue après coup; c'est ce que je ne déciderai point. Quoique personne ne puisse nier qu'elle leur est naturelle, qu'ils font usage de cette aversion, & qu'ils se la témoignent mutuellement d'abord qu'ils peuvent faire usage de leurs aîles; je n'en tirerai aucune conséquence, ni pour ni contre cette opinion.

Tous les oiseaux qu'on peut appeller champêtres, à l'exception d'un très-petit nombre, sont susceptibles d'une haine si implacable qu'ils n'ont point encore terminé leur querelle depuis tant de siécles, qu'ils sont toujours prêts à se battre, & qu'ils n'ont pas encore pardonné aux Hiboux & Chouettes les fautes qu'ils leur reprochent chaque fois qu'ils les rencontrent, les traitant par-tout comme leurs plus cruels ennemis.

Il est vrai que la Chouette & le Hibou voyant parfaitement la nuit sans pouvoir se servir de leurs yeux, que très-foiblement pendant le jour, jouissent d'un privilege, dont les autres sont privés ; & je croirois que leur haine vient d'un motif de jalousie de cet avantage, s'ils étoient les seuls à qui ce privilege fut accordé. Mais les Oyes, les Canards sauvages, les Courlis & plusieurs autres ne voyent pas moins la nuit que le Hibou & la Chouette, & leur privilege est bien plus étendu, puisqu'ils se servent avantageusement de leurs yeux jour & nuit, ce que le Hibou & la Chouette ne peuvent faire.

Ce n'est donc point de cette cause que leur aversion naturelle tire son origine, elle leur vient d'ailleurs infailliblement ; ils ne sont pas ennemis irréconciliables sans raison, & je croi la trouver dans l'horreur que la nature a donné à sa destruction dans chaque espece d'animaux. Comme je ne suis point disposé à justifier le procedé de la Chouette & du Hibou à l'égard de tout ce qui porte plume, & que je ne prétends pas approuver la mauvaise conduite des autres oiseaux envers eux ; je me contenterai de dire ce que j'en pense ; car s'ils venoient à profiter de l'avis d'une parfaite réconciliation entre eux, les Pipeurs perdroient leurs procès & leurs noms. Je me garderai bien de leur donner tel conseil pour les mauvaises conséquences qui en résulteroient.

Je dis donc que le Hibou & la Chouette son épouse n'osent se montrer de jour que très-rarement, & qu'ils ne paroissent jamais sans s'attirer de grandes affaires : cela paroîtra étrange à ceux qui en ignorent le sujet ; mais ils n'en seront plus surpris lorsqu'ils sçauront que les Hiboux & Chouettes ne font usage de la faculté de voir de nuit qu'au détriment & à la ruine totale de tous les autres oiseaux ; qu'ils prennent ainsi en trahison pendant qu'ils sont endormis : car c'est pendant ce tems qu'ils vont à la quête pour faire périr cruellement & inopinément & mettre en piéces à coups de becs leurs confreres qui leur servent de pâture, & qui ne peuvent, quelque précaution qu'ils prennent, éviter ce traitement barbare, qui n'est pas pardonnable ; ils en ont tant d'horreur eux-mêmes, qu'ils ont grand soin de se cacher d'abord que le jour paroît.

Ces traîtres profitent donc de la nuit

au détriment des autres oiseaux ; je ne puis m'en taire, quand je devrois fomenter pour jamais leur division, qui n'est que trop juste ; puisque ces infortunés leur servent de proie tant jeunes que vieux sans exception, & qu'ils ne peuvent qu'avec bien de la peine se soustraire à leur cruauté.

Ce sont des Antropophages dans leurs especes, qui ne se contentent pas de manger les petits dans les nids, à la grande désolation des peres & meres, mais qui se soucient encore moins de faire des veufs & des orphelins ; car ils n'épargnent ni les uns ni les autres, sur-tout lorsque la saison des nids est passée : bien plus ne trouvant pas une pâture suffisante dans les oiseaux qu'ils dévorent impitoyablement, ils exercent leur voracité sur les petits Levraux, Lapreux, Perdreaux, Faisandeaux, Cailleteaux & autres, principalement lorsqu'ils ont à se saouler & à rassasier leurs familles gloutonnes & voraces, quand elles sont trop jeunes pour pouvoir courir à la proie elles-mêmes ; ils ont grand soin d'instruire leurs descendans à ce métier, ou pour mieux dire la nature les rend aussi habiles que peres & meres d'abord que leurs aîles peuvent leur servir à les transporter à leur gré ; ainsi les descendans ne vallent pas mieux & ne sont pas moins cruels que leurs ancêtres. Ils sont donc dignes de la même aversion, de la même haine irréconciliable, & de la même antipathie, qui s'est perpétuée de race en race, & qui ne finira suivant toute apparence qu'avec l'espéce, dont je n'aurai jamais le moindre chagrin, n'ayant garde d'approuver cette cruauté condamnable en tous les tribunaux de l'Univers.

On me dira sans doute que les Chouettes & les Hiboux ne sont pas les seuls qui font une guerre perpétuelle aux oiseaux, que tous Emouchets, Emerillons & autres en font autant, & qu'ils ne sont pas plus pitoyables ni même plus miséricordieux que les premiers : je conviens de cette vérité incontestable, & qu'être mangé de jour ou de nuit, c'est toujours être mangé ; mais ce n'est pas le meurtre qui est tant punissable, que la façon de le commettre. Les oiseaux de proie prennent les autres de jour & les mangent ; mais ceux-ci peuvent se défendre, ils peuvent éviter la mort, & cela arrive très-souvent ; cette guerre se fait pour ainsi dire à armes égales & ouvertement : il ne s'y trouve aucun trait de trahison ; mais prendre quelqu'un à son avantage, l'attaquer de nuit pendant qu'il ne voit ni pour se conduire, ni pour se défendre, profiter de ses yeux pendant que les autres ne peuvent se servir des leurs; & qui pis est tuer quelqu'un pendant qu'il est dans un profond sommeil, c'est un assassinat de guet-à-pend. Si l'un n'est pas excusable, il est tout au moins pardonnable, mais l'autre est condamnable; il n'y a ni raison ni excuse légitimes pour les Hiboux & Chouettes, que les autres oiseaux doivent toujours regarder avec indignation, & en tirer vengeance en tous tems, en tous lieux & en toutes occasions; & quoique la vengeance ne soit point permise, elle doit tout au moins être tolerée dans des circonstances aussi graves.

Il ne paroîtra donc plus si étonnant, que tous les oiseaux de jour soient si enclins à les punir, & à leur faire la guerre par-tout où ils les rencontrent comme leurs ennemis déclarés depuis si longtems, & s'ils s'attroupent à cet effet, c'est avec raison; car d'abord qu'un oiseau, soit Geais, Pies, Merles, Grives, Pinsons, Emouchets, Buses, Corbeaux & autres les rencontrent de jour, ils font un cri, qui, par un instinct naturel, donne à entendre aux autres qu'il est à la poursuite de l'ennemi commun, & qu'il implore l'assistance de ceux de son parti, pour lui donner la chasse & lui faire le plus de mal qu'il leur est possible.

Je ne dirai point ici si c'est politique ou raison d'intérêts, qui engage les Buses, les Emouchets, Pies & autres dans le parti des petits oiseaux, mais ils leur donnent du secours au moment qu'ils l'implorent, & accourent soudainement pour les aider, ou ils en font semblant, pour se faire pardonner peut-être les meurtres qu'ils commettent, ou pour être en droit d'en exiger récompense ; je ne croi personne capable de me soupçonner de vouloir faire une application maligne de cette politique, qui raisonnée & refléchie ou non, n'est pas moins vraie : & certainement les gros oiseaux n'abandonnent jamais les petits dans le danger ; quand la querelle est personnelle, c'est autre chose.

Il n'y a pas jusqu'aux Roitelets, Mézanges & autres plus petits, & c'est beaucoup dire, qui ne se mettent de la partie tout foibles & impuissans qu'ils sont : ne pouvant mieux faire, ils engagent la querelle, en attirant les plus gros dans leurs démêlés ; & s'ils ne peuvent porter à l'ennemi des coups mortels, ils excitent les plus forts par leurs cris à ne lui point faire de quartier : enfin on les voit tous tellement animés, qu'aucun ne refuse d'entrer dans la querelle, & de tirer vengeance des outrages qu'ils en ont reçu, ou qu'ils craignent d'en recevoir.

C'est donc par-là qu'on s'est apperçu que ces oiseaux viennent aux cris perçans de la Chouette, & à la voix effrayante du Hibou, qui intimide souvent les hommes, lorsque pendant l'Hiver, & dans une nuit obscure quelqu'un se trouvant égaré dans sa route se rencontre proche les bois, où ils habitent ordinairement; quoi qu'ils fassent plus communément leurs demeures dans les Châteaux, dans les Eglises, dans les maisons, & même dans les vielles masures, où ils font leurs nids, & quelquefois tant de bruit, soit par leurs sifflemens, soit par leurs cris, qu'ils incommodent & fatiguent infiniment, s'ils n'effraient pas.

C'est donc cette antipathie observée attentivement & avec refléxion, qui a fait connoître, qu'il est possible d'attirer les oiseaux en contrefaisant le cri du Hibou & de la Chouette, & qui est cause qu'on s'est appliqué à faire des appaux ou pipeaux pour les contrefaire & les imiter dans leurs cris : si on est une fois parvenu à ce point essentiel de bien piper, on est assuré d'être bientôt environné d'oiseaux, qui rodent autour du Pipeur pour découvrir où est l'ennemi qu'ils s'imaginent entendre, & à qui ils sont prêts de livrer bataille à toute heure du jour.

Il ne suffit pas pour la perfection de cette chasse de contrefaire bien les cris de ces oiseaux nocturnes, il faut aussi le faire à propos, fortement ou foiblement, selon que les oiseaux sont éloignés ou proches du Pipeur; car on les rebute, si le cri est trop fort lorsqu'ils sont proches; & s'il est trop foible lorsqu'ils sont éloignés, ils ne l'entendent pas. Il faut d'ailleurs frouer avec une feuille de lierre, ou avec la lame d'un couteau, pour animer les oiseaux qui se sont approchés à ce cri, afin de les entretenir dans l'envie de combattre & les faire changer de place par ce moyen, jusqu'à ce qu'ils se soient posés, soit sur l'arbre préparé & tendu de gluaux, ou sur les perches, qui en sont aussi garnies & qui servent à les arrêter.

Je dirai dans la suite ce que c'est que frouer & ce que c'est que gluaux, car ce seroit parler hebreu à bien des gens, que de me servir de termes aussi inusités & peu connus, sans en donner l'explication.

Comme la Pipée ne se fait point sans glue, qui en est le principal mobile, quoique quelques-uns prétendent qu'elle se fait au moyen d'un bâton fendu, & d'une petite ficelle, qui passée aux extrémités de la fente de ce bâton resserre les deux côtés suffisamment, pour y retenir par les pattes les oiseaux qui viennent se poser dessus : quoiqu'il soit possible d'en prendre quelques-uns des plus petits par ce stratagême, je dis que cette éspece de Chasse ne mérite pas le nom de Pipée ; & qu'on ne peut la nommer à bon droit qu'amusement d'enfans.

Je commencerai donc par dire de quelle façon la glue se fait & se prépare ; car ce n'est point assez d'avoir de la glue, quoique bonne, si on ne sçait s'en servir & la préparer selon le tems & la saison dans lesquels on l'emploie, on ne réussit pas à la faire servir convenablement.

CHAPITRE II.

Maniere de faire la Glue, & de la préparer.

LE goût décidé que j'ai eu pour cette chasse dès ma tendre jeunesse, m'aïant rendu curieux de sçavoir faire la glue, j'en suis venu à bout après plusieurs tentarives ; je n'aurois jamais fait cette découverte, si je ne m'étois trouvé pendant les vacances, qui est la saison la plus propre & la plus convenable pour la pipée, j'en dirai les raisons ailleurs ; si je ne m'étois trouvé, dis-je, dans des païs où il n'y avoit point de glue ; & si je n'avois sçû la faire, j'aurois été privé d'un plaisir & & d'une occupation qui étoient alors si agréables pour moi, & dont on sera moins étonné, quand on sçaura que je n'y ai jamais mené personne, qui n'y ait pris goût, qui n'ait desiré d'y aller toutes les fois que je voulois le régaler de cette fête, & qui n'ait desiré pouvoir y réussir comme moi : mais par une ruse enfantine je me suis gardé très-souvent de leur faire voir tout ce que je sçavois faire, crainte de leur en apprendre trop sur cet article, & qu'ils pussent se passer de moi. J'avoue mon foible, qui n'étoit pas petit : enfin je ne réussissois jamais si bien en compagnie, que lorsque j'étois seul, ou avec quelque ami intime & de confiance pour qui j'étois sans réserve, ou avec des personnes pour qui j'avois non-seulement de la considération, mais aussi que je ne soupçonnois pas devoir entreprendre cette chasse sans moi ; mais je m'écarte trop de la matiere, qui fait le sujet de ce chapitre,

La glue se fait de différente maniere : & si je n'ai pû sçavoir à fond la méthode de ceux qui en gagnent leur vie, & qui en font métier & commerce ; du moins en sçavois-je faire d'assez bonne pour mon usage : voici comme je m'y prenois.

Il y a de la glue de deux especes, l'une d'écorce de houx, qui est la meilleure ; & celle d'écorce de gui, qui vient par gros bouquets verds sur les arbres. Il peut s'en faire d'autres écorces d'arbres différens ; mais je l'ignore, m'en étant tenu aux deux que je propose pour en avoir fait de l'une & de l'autre.

Le houx est un arbrisseau dont les feuilles vertes, hiver & été, ressemblent à celles du laurier, lesquelles sont garnies tout autour de pointes aussi aigues que celles des ronces. Il croît volontiers dans les grandes forêts, & même quelquefois dans les haies & dans les buissons ; mais il y est trop petit. Il produit une petite fleur semblable au cornouillier, & il donne un petit fruit vert d'abord, & rouge ensuite, rond comme des grains de geniévre & de pareille grosseur, dont on ne fait point d'usage.

Le gui est une excroissance, qui vient sur les arbres par touffes ou gros bouquets, qui produit des graines aussi toutes rondes & de la grosseur des pois, qui sont vertes d'abord ainsi que les feuilles, dont le bout est rond, vertes, hiver & été; ces graines blanchissent à mesure qu'elles mûrissent, & elles servent alors de nourriture aux grosses Grives, qu'on appelle ordinairement Grives de Gui, lesquelles sont moins bonnes à manger que les autres especes de Grives, quoiqu'elles soient plus grosses.

On prend l'écorce de houx dans le tems de la séve, celle du plus gros est la meilleure; lorsque le tems de la séve est passé, comme il est très-difficile d'avoir l'écorce seule, dont on a besoin, on coupe le pied du houx par morceaux longs de la largeur, ou profondeur d'un grand chaudron, qu'on en remplit, & qu'on fait bouillir quelques bouillons dans de l'eau; & alors l'écorce est aussi facile à tirer d'après le bois, que s'il étoit en séve. On commence par ôter, enlever & jetter la premiere écorce, qui est une petite pellicule brune très-nuisible; & on prend le surplus de l'écorce jusqu'au bois, qu'on met dans un pot de terre, ou dans un autre vaisseau dans la cave, ou qu'on enterre dans un lieu humide pendant dix ou douze jours pour la faire pourir; quand elle eſt dans cet état, on la pile juſqu'à la réduire en boulie, ſoit dans un mortier, ſoit ſous une meule de pierre; plus elle eſt pilée, plus elle produit de glue.

Je croi que ceux qui font la glue pour la vendre, ne prennent pas la précaution d'ôter cette petite pellicule brune; auſſi comme ils ne tirent qu'au poids, & à la quantité, & non à la qualité, leur glue eſt toujours moins bonne que celle qu'on fait ſoi-même, par la quantité d'ordures qu'ils y laiſſent faute de la laver ſuffiſamment; car cette pellicule brune ſe détache difficilement de la glue, lorſqu'on ne l'a pas ſéparée de l'écorce avant de la piler.

Après que votre écorce de houx eſt dans cet état, vous allez ſur une fontaine d'eau claire; la plus froide qu'on peut trouver eſt la meilleure: à ſon défaut on ſe ſert d'eau de puits, qu'on fait tirer dans une auge de pierre; mais l'eau courante vaut mieux, parce qu'elle entraîne les ordures à meſure qu'elles ſe détachent: on met cette écorce pilée dans une ſebille, ou dans un autre vaiſſeau de même conſtruction, comme par exemple une petite terrine, & avec un bâton en forme de ſpatule, on remue cette écorce pilée qu'on a réduite en pelote, en y mettant de tems à autre un peu d'eau jusqu'à ce que la glue se prenne au bâton dont on se sert pour la remuer ; alors vous l'étendez souvent dans l'eau pour y faire tomber ce qui reste d'écorce mal pilée : votre glue se façonne comme du beurre ; & plus elle est nette, plus elle est âpre & forte pour arrêter les oiseaux les plus vigoureux. Il faut prendre garde en lavant votre glue qu'elle ne se convertisse en huile ; c'est ce qui arrive d'abord que l'eau dont on se sert, n'est pas assez fraîche.

La glue de gui est plûtôt faite, puisqu'on peut en avoir du matin au soir ; il s'agit d'avoir des côtons de gui, car la feuille ni la graine ne sont pas bonnes ; on les froisse & on les écrase avec un marteau pour séparer le bois d'avec l'écorce ; d'abord qu'on a de cette écorce suffisamment, on la pile & on la lave comme celle de houx : Elle est plus difficile à rassembler dans la sébille, à cause d'une grande quantité de filandres blanches comme des soyes de porc, lesquelles sont fort minces & fort déliées, & tiennent fortement à la glue ; mais on les fait partir à force de les tirer & de les séparer de la glue en la lavant dans l'eau fraîche : celle-ci est plûtôt faite que celle de houx ; mais elle n'est pas si tenace, quoiqu'elle ſoit fort bonne quand elle eſt bien lavée.

Il faut remarquer que le gui de certains arbres eſt meilleur que celui d'autres ; celui de tremble, de peuplier, de ſaulx, de tilleul, de pommier, de poirier, de prunier, d'épines blanches ſert ; mais les premiers nommés ſont préferables aux derniers. On fait auſſi de la glüe avec d'autres écorces d'arbres du bouleau de la coudre mancienne, &c. mais comme je n'en ai jamais employé, je paſſerai cela ſous ſilence, pour ne point faire faire à d'autres des expériences que je n'ai point tentées, & que je pourrois enſeigner mal.

Dans les païs où on trouve de la glue, on s'évite bien de la peine en l'achetant. Où elle eſt commune elle ſe vend depuis douze juſqu'à vingt ſols. Il eſt dit dans la Maiſon Ruſtique, qu'on ſe ſert de la graine de gui de chêne pour faire la glue ; la rareté du gui de chêne eſt telle, qu'il ne m'a jamais été poſſible d'en trouver ; quelque grande forêt que j'aye parcourue, & ſi on ne faiſoit de la glue d'autre choſe, ſa rareté la rendroit d'un très-grand prix.

CHAPITRE III.

Préparation de la Glue pour s'en servir avec succès.

D'Abord que vous avez de la glue bien lavée, soit que vous l'ayez faite, ou que vous l'ayez achetée; dans ce dernier cas, vous pourez relaver celle que vous aurez achetée, si elle n'est pas assez nette; car pour être bonne, il n'y faut point d'ordures. Celle de couleur jaune est la meilleure, car elle est de houx, celle de gui est plus verte que l'autre; & celle qui est brune ou entichée de noir, est usée & trop vieille. Vous aurez soin qu'il ne reste point d'eau dans le pot où vous l'aurez mise, & vous y mettrez de l'huile d'olive environ une demi-once par livre, & vous la mêlerez à force de la broyer avec une spatule de bois, pour l'incorporer.

Au défaut d'huile d'olive, celle de chenevi, de lin, ou de noix peut servir; car il faut qu'elle soit douce & onctueuse. La quantité d'huile qu'on y doit mettre dépend des saisons & des tems où vous vous servez de votre glue; car l'huile la rend molle & liquide quand elle est trop dure, & qu'elle s'attache trop difficilement aux plumes des oiseaux. On peut l'essayer sur une poule avec un gluau : & si elle est trop liquide, elle n'a pas la force d'y rester attachée, & les oiseaux s'en débarassent très-facilement.

On ne risque pas tant d'en mettre moins d'abord, que plus ; car on en peut remettre ; mais il est très-difficile d'en ôter ; ainsi pour ne point se tromper, on met de l'huile à diverses fois, & d'abord qu'on la trouve au point desiré, on cesse d'en mettre.

L'huile servant à amolir la glue, il faut faire attention, que si on s'en sert dans un tems chaud, il faut moins d'huile ; puisque la chaleur rend la glue liquide, & qu'au contraire le froid la durcit, ainsi que la pluie, l'humidité, les brouillards & la rosée, qui lui ôtent son âpreté ; & alors on y met un peu plus d'huile ; on en humecte les gluaux, quand ils deviennent secs, & qu'ils ont été exposés à la pluie, ou à la rosée qui surprennent quelquefois, & qu'on fait tomber dessus, en les secouant par paquets ou poignées.

Que s'il arrivoit qu'on eut trop mis d'huile dans la glue, on pourroit la relaver & la remanier dans de l'eau bien fraîche, qui dissiperoit l'huile, ce qui pourroit réparer la faute, & raccommoder la glue, mais elle ne vaudroit jamais tant que de la nouvelle. Il faut aussi observer de ne jamais manier la glue avec les mains, qu'elles ne soient bien mouillées ou huilées, & s'il arrivoit qu'elle s'y fût attachée, il faut se les laver avec de l'huile, qui l'enlevera totalement.

CHAPITRE IV.

Des Gluaux.

CE qu'on appelle gluaux, ce sont des petits osiers, ou saussais sans feuilles de la longueur de quinze à dix-huit pouces sans nœuds ; & même sans boutons, s'il est possible ; les plus déliés, les plus minces, & les plus droits sont les meilleurs par plusieurs raisons. Premiérement ils sont moins visibles. Secondement ils sont plus fléxibles, ce qui est très-nécessaire ; car quand ils sont trop roides, ils cassent plus facilement, ne s'attachent pas si bien aux plumes, & s'en détachent plus facilement que les fléxibles, qui entortillent les oiseaux de façon, qu'ils ne peuvent s'en débaraſſer. Troiſiémement ils conſument moins de glue, & font un paquet moins gros; tout déliés qu'ils ſont, ils durent pendant plus de trois mois, à moins qu'on ne les perde; ou qu'on ne les jette d'abord qu'ils ſont remplis de plumes; mais on peut les faire reſſervir en les paſſant ſur un feu clair, qui rend la glue ſi liquide, qu'en les paſſant entre deux doigts, toute la plume s'en détache; & ils peuvent reſſervir en les engluant de nouveau, engluer ſignifie enduire de glue.

Les oſiers dont ſe ſervent les Tonneliers ne ſont pas bons, tant à cauſe de leur couleur jaune, qui ſe voit de loin, qu'à cauſe qu'ils ſont trop moëlleux, & que leur moëlle empêche qu'on ne puiſſe les tailler comme il faut; quelque précaution qu'on y prenne, ils ſont toujours ſi tendres par le gros bout, qui s'émouſſe & s'épointe toujours, qu'il n'eſt pas poſſible de les tendre une ſeconde ou une troiſiéme fois.

La ſaiſon de cueillir les gluaux eſt lorſque les ſauſſais ſont mûrs; c'eſt ordinairement dans le mois de Septembre, que leurs pointes ou cimes ſont dures, & qu'elles ne ſe caſſent point en les effeuillant ; quand ils sont cueillis avant ce tems, la cime ou les petits bouts en sont si tendres qu'ils cassent lorsqu'on les englue, & ils sont moins bons lorsque ces pointes fines & minces sont cassées ; ce qui arrive toujours quand les gluaux sont cueillis avant leur maturité.

La Maison Rustique enseigne de se servir de brins de bouilleau pour gluaux ; il est vrai que ces gluaux peuvent durer huit ou dix jours au plus, après lesquels on ne peut les engluer une seconde fois sans les casser en morceaux tant qu'ils se dessèchent en très-peu de tems.

Après avoir cueilli dans la saison convenable les saussais les plus droits & les plus déliés qu'on peut trouver, au nombre de trois, quatre, ou cinq cens selon l'étendue de la Pipée qu'on veut faire ; il faut les laisser au Soleil pendant quelques heures pour en amortir les feuilles & l'écorce ; on ôte les feuilles ensuite en commençant de la cime au gros bout.

Il faut éviter soigneusement d'en casser la pointe, comme je l'ai déja dit ; car plus elle est mince, meilleure elle est. Quand les feuilles en sont ôtées, on rassemble les gluaux par paquets en les rendant égaux par la cime ; on les coupe ensuite par le gros bout de la longueur qu'on veut ſes avoir, les plus longs ſe placent ſur l'arbre, & les plus courts ſur les perches.

Lorſqu'ils ſont coupés de la longueur convenable, on les taille par le gros bout avec un canif en forme de petits coins, pour qu'ils entrent & tiennent facilement dans les entailles qu'on fait aux branches, ſur leſquelles on les place en tendant, & ſur leſquelles on les fait tenir légerement; car les oiſeaux y laiſſeroient ſeulement leurs plumes, & s'échapperoient ſans ſe prendre, ſi les gluaux tenoient trop aux branches, & s'ils ne les faiſoient tomber avec eux.

Quand tous vos gluaux ſont taillés des deux côtés en forme de petits coins, vous les égaliſés par le gros bout en les laiſſant poſer ſur une table unie; & alors pour les durcir par le bout, vous les faites poſer ſur un peu de braiſe allumée, ou dans des cendres chaudes, ſans cependant les brûler trop, crainte de les rendre plus émouſſés qu'il ne faut, & de les mettre hors d'état d'entrer facilement dans les entailles des branches où on les poſe. Ces entailles ſont des coups legers de ſerpe donnés obliquement, pour qu'on puiſſe y introduire, & faire tenir les gluaux panchés ſur les branches, ſoit de l'arbre préparé, soit des perches pliées dans les avenues ou routes. Je parlerai ci-après de l'un & de l'autre. Plusieurs personnes ne taillent les gluaux que d'un seul côté, cela peut se tolérer.

Les gluaux mis dans cet état, il s'agit de les engluer, c'est-à-dire, enduire de glue, ce qui se fait ainsi : Après avoir préparé la glue avec l'huile, comme il a été dit ci-devant ; on prend de la glue avec la cime des gluaux, ou avec une spatule de bois. Quand il y en a dessus suffisamment pour les engluer ; on les tient par le gros bout dans les deux mains, séparés par moitié autant dans l'une que dans l'autre ; on les tortille, & on les frotte ensemble jusqu'à ce que la glue se soit répandue, & attachée également par-tout à l'exception du gros bout, que l'on tient empoigné, qu'on n'englue point de la longueur de trois ou quatre pouces, afin de pouvoir les manier sans se poisser les doigts.

Vos gluaux mis en cet état, on les enveloppe dans une toile cirée qui les excéde un peu ; & qu'on frotte d'huile, ou faute de toille cirée dans une peau, dans un parchemin, ou dans une écorce de tilleul gros comme la jambe, cette écorce qu'on tire dans le tems de la séve,

ſéve, eſt de plus longue durée & meilleure qu'aucune autre ; mais je préfere la toile cirée, moyennant une bonne ficelle ; vous ficellez fort votre paquet de gluaux ainſi enveloppés pour les tenir plus ſerrés enſemble, afin qu'ils ne gliſſent point, & ne s'échappent point de leur enveloppe, qui ſert à les conſerver, à empêcher qu'aucune ordure ne s'y attache, à les porter par-tout commodément, & à les tenir plus fraîchement ; il faut avoir ſoin de les mettre à l'ombre dans un lieu frais & humide pour que les ſauſſais ſe deſſéchent moins, car ils ſe caſſent facilement s'ils ſont ſecs, lorſqu'il s'agit de les ſéparer pour les aſſeoir ſur les branches, ou d'y remettre de la glue pour les rafraîchir lorſqu'ils ſont deſſéchés, & qu'ils commencent à ne plus prendre ; car en les tortillant enſemble pour les enduire de glue, ils caſſeroient ; mais ils ſe conſervent bien au frais tant pour la glue que pour les ſauſſais ou gluaux.

CHAPITRE V.

Du lieu propre & convenable pour y faire une Pipée.

IL faut avoir préparé la Pipée avant que de s'y pouvoir servir de gluaux ; ce n'est point assez de sçavoir la premiere préparation, si on ignore la seconde : & ce n'est point assez de sçavoir piper, si on ne sçait choisir les lieux convenables à faire une Pipée, les arbres dont on se sert, & la situation des lieux où ils doivent être placés.

Les lieux élevés ne conviennent point à y placer une Pipée par plusieurs raisons : car les oiseaux habitent & se couchent ordinairement dans les fonds pour être à l'abri du vent pendant la nuit ; qui agitant les arbres & les branches sur lesquelles ils sont gités, ne leur laisseroit souvent aucun tems de repos : d'ailleurs comme le vent se fait sentir sur les hauteurs plus que dans les fonds, pour peu qu'il en fasse, votre arbre est agité de façon, qu'il n'est pas possible de faire tenir vos gluaux, qui tombent à mesure que vous les placez ; & si vous êtes forcé de tendre trop roide à cause du vent, les oiseaux ne pouvant entraîner les gluaux avec eux, y laissent leurs plumes, & s'échappent sans y plus revenir.

Ce sont donc les lieux bas, ausquels il est à propos & même nécessaire de donner la préference, pour y placer les Pipées & les y construire, afin d'éviter les inconvéniens que je viens de dire, & l'incommodité qu'ils font sentir aux Pipeurs; puisqu'ils font manquer la Pipée, qui se trouve détendue par la premiere bouffée de vent, & souvent dans le moment favorable de faire bonne capture; le Pipeur est désolé, & sa compagnie obligée de s'en retourner sans avoir eu le plaisir qu'il s'étoit proposé de lui donner; ce qui tourne à sa confusion, à moins qu'il n'y ait point de sa faute, ayant pris les précautions convenables pour réussir.

Ce n'est point dans le milieu dune forêt qu'il faut faire une Pipée; car les oiseaux ne s'y vont point coucher tant gros que petits, pour être à portée d'en sortir plus promptement, & de pouvoir se jouer sur le bord de la forêt, quand ils s'y sont retirés, & qu'ils sont de retour des champs. Ils s'enfoncent donc très-peu dans les forêts, & se tiennent à l'entrée, parce qu'ils y trouvent toujours quelque chose à manger, soit senelle, soit génievre pour les Grives, ou du raisin, dont la plûpart des oiseaux sont fort friands, ils y trouvent aussi des vers de terre, des mouches, des sauterelles qui leur servent de dessert; ainsi une Pipée à peu de distance du bord de la forêt, d'un vignoble, ou terrain remplis de génevriers, est toujours très-bonne; parce qu'il ne manque jamais de s'y trouver des oiseaux en grande quantité, lesquels échauffés par ce jus bachique sont si animés & si courageux, qu'ils sont très-aissés à mettre en rumeur, & qu'ils affrontent tout danger; ils sont si hardis qu'ils se présentent sans vouloir quitter prise, quoiqu'ils apperçoivent le Pipeur; enfin ils sont si animés au moindre coup d'appeau entendu, qu'ils accourent en foule, & se font prendre, pour ainsi dire, à l'envi l'un de l'autre, ce qui ne fâche pas le Pipeur, ni les assistans; d'ailleurrs ayant peu de chemin à faire, ils sont auprès de vous à l'instant, & s'apperçoivent moins si le Pipeur pipe bien ou mal, quand ils sont peu de tems en chemin, n'ayant pas celui d'écouter assez pour démêler les défauts du Pipeur.

Il est cependant nécessaire que la Pipée se fasse dans un lieu tranquille, éloignée du bruit, des villages, & des chemins trop fréquentés ; parce que le bruit & la curiosité, & souvent même la malice des passans sont très-incommodes & très-nuisibles aux Pipées ; elles doivent être sur-tout ignorées des enfans qui viennent roder autour de vous au moment que vous vous y attendez le moins.

Ce n'est point un mauvais endroit que celui où se trouve une fontaine, un ruisseau, ou quelque eau dormante qui sert d'abrevoir aux oiseaux, que l'eau y attire en plus grande quantité que par-tout ailleurs ; car les oiseaux échauffés & altérés par ce qu'ils ont mangé durant le jour, se baignent & se désalterent le soir à leur arrivée au bois avant que de se gîter : ainsi tels lieux sont très-convenables, & sont préférables à tous les autres.

Les lieux où il y a des merisiers pour les Pipées de primeur, & ceux où il y a beaucoup de ronces chargés de leurs fruits, ou d'épines blanches chargées de senelles pour l'arriere saison, sont très-bons pour y faire la Pipée, parce qu'ils y attirent beaucoup de Grives & de Merles, ainsi que les endroits abondans en génievre, où les oiseaux y sont parfaitement bons, étant bien nourris, fort gras, de bon goût, & par conſéquent de bonne priſe.

Comme une ſeule Pipée ne ſuffit pas à pouvoir y aller tous les jours, ou du moins fort ſouvent, il eſt bon & même néceſſaire d'en avoir pluſieurs en différens endroits, car ſi on en changeoit toutes les fois qu'on fait cette chaſſe, il eſt certain qu'elle en vaudroit beaucoup mieux; puiſque les oiſeaux ſe rebutent, & laiſſent le Pipeur s'égoſiller à les appeller d'abord qu'ils ſont accoutumés à ſa voix, qu'ils écoutent fort tranquillement ſans lui donner la conſolation de le venir voir pour le déſennuyer dans ſa ſolitude.

CHAPITRE VI.

Du choix de l'arbre de la Pipée, & de ſa préparation.

UN lieu choiſi comme je viens de le déſigner, un arbre bien à l'abri des vents, & le plus ſéparé & éloigné des autres qu'il eſt poſſible eſt le meilleur: plus il eſt iſolé & mieux il vaut, parce que les oiſeaux trouvant où ſe poſer fort près du Pipeur sans user de l'arbre de sa Pipée, se mocquent de ses ruses, il a beau bien piper, ils se contentent souvent de voir de loin; & se rebutant d'entendre piper, ils s'en vont en faisant des cris qui servent aux autres de signal de ne point approcher : ce qui doit mettre le pauvre Pipeur de trés-mauvaise humeur, puisqu'il perd son tems & que ses peines deviennent inutiles & infructueuses.

Il faut que cet arbre ne soit point trop haut; car plus il est haut, plus il est exposé au vent & aux injures de l'air: il faut aussi qu'il soit couvert du taillis, qui l'environne de fort près, passé le tiers & même la moitié de sa hauteur; si le taillis est plus haut, l'arbre ni la pipée n'en vallent pas mieux, parce qu'il est trop caché; & s'il est trop découvert, les oiseaux qui sont défiants naturellement, s'en approchent difficilement; d'ailleurs appercevant les gluaux de loin, ils font beaucoup de difficulté de s'y poser, & il faut piper très-bien sans faux ton, pour les y engager; ou s'ils s'y posent, c'est assez ordinairement sur le bout des branches sans gluaux, ou au sommet de l'arbre, qu'on ne tend pas; parce qu'il faut laisser du couvert par le haut, tant pour préserver vos gluaux de l'ardeur du Soleil, que pour les rendre moins visibles qu'il est possible : quand ils sont trop en évidence les oiseaux s'en défient, & les évitent d'abord qu'ils s'en sont une fois apperçûs ; car quoiqu'ils ayent beaucoup mangé de raisin ou d'autres choses qui les enyvrent, ils ne sont pas toujours si yvres qu'ils ne voyent le piége qui leur est tendu, & qu'ils ne le fuyent avec beaucoup de finesse. Selon l'Auteur de la Maison Rustique, on place la Pipée dans une clairiere ; cependant l'expérience m'a appris & prouvé le contraire.

Pour qu'un arbre soit parfairement bon, il ne faut pas le prendre écrasé, les Chênes ont toujours la préference ; parce que leurs branches, quoique petites, soutiennent mieux le Pipeur, particulierement au moment qu'il est obligé de tendre cet arbre avec les gluaux, & il pourroit s'en laisser tomber, si une branche venoit à lui manquer sous le pied, ayant les mains embarrassées des gluaux qu'il tient, & le corps panché & étendu sur la branche qu'il est à tendre.

Pour qu'un arbre soit très-convenable, il faut qu'il ait des branches courtes, grosses au plus comme le bras, bien disposées & arrangées autour du tronc de l'arbre ; il ne vaudroit guéres s'il n'avoit des branches que d'un côté, ou si elles étoient mal distribuées. Tout arbre n'en est que meilleur lorsqu'il est garni de telles branches depuis le sommet, jusqu'à cinq ou six pieds de terre, c'est-à-dire, jusques sur la loge ; car alors vous pouvez choisir celles qui vous conviennent, que vous conservez soigneusement, & que vous préparez en élaguant les petits branchages feuillés qui sont autour de la branche principale, à distance au plus de trois ou quatre pieds du tronc : car plus elles sont courtes, moins elles sont difficiles à tendre, & moins on y employe de gluaux ; les plus droites sont toujours préferables, parce qu'elles sont moins difficiles à tendre, que celles qui sont courbes & tortuées.

Il faut avoir soin d'étêter au sommet de l'arbre une ou deux branches en différentes places, c'est-à-dire, en retrancher le bout garni de feuilles ; car c'est ordinairement sur ces sortes de branches, que les Buses se posent, & très-rarement sur d'autres ; quand elles s'y sont placées, il est inutile de s'attendre qu'elles en changent, & si elles se trouvent dégarnies de gluaux par la prise de quelqu'autre oiſeau, il ne faut pas compter qu'elles ſe placeront ailleurs ; elles ne ſe poſent que cette premiere fois, & elles y demeurent tant que le Pipeur reſte en place, juſqu'à ce que forcé de ſortir de la loge pour amaſſer quelques oiſeaux pris, il les faſſe partir. On doit auſſi en étêter quelques-uns dans le milieu ou dans le bas de l'arbre ; c'eſt ſur ces ſortes de branches que ſe prennent communément les Piverds & autres oiſeaux qui grimpent, quoiqu'ils ſe prennent auſſi ſur d'autres branches.

Il faut retrancher auprès du tronc les branches qui ne pouvant ſervir, pourroient nuire par leur ſituation ; par exemple ſi elles étoient poſées perpendiculairement l'une ſur l'autre. Un oiſeau pris ſur une branche ſupérieure tombe alors ſur l'inférieure directement deſſous, ainſi de branche en branche un ſeul oiſeau détendroit tout un côté, ſi l'habile Pipeur ne prévoyoit ce défaut en préparant ſon arbre.

Il doit donc éviter ſoigneuſement que les branches en ſoient confuſes, qu'elles ſoient à côté l'une de l'autre & de même niveau, qu'elles ſoient mal diſperſées & diſtribuées, pour éviter que ſon arbre ne ſoit détendu infructueuſement ; car s'il eſt obligé de remonter ſur ſon arbre pour le retendre, il effarouche les oiſeaux, & perd le tems le plus précieux de ſa chaſſe.

Si cependant les branches qu'on eſt obligé de retrancher, peuvent ſervir à poſer le pied du Pipeur lorſqu'il tend l'arbre, il ne doit les couper qu'à un demi-pied de diſtance du tronc, afin qu'elles lui ſervent tant à monter plus commodément, qu'à s'y tenir appuyé lorſqu'il tend une branche au deſſus; elles lui ſervent auſſi à deſcendre plus facilement, ſoit en tendant, ſoit en détendant.

Quoique je ne parle que d'un arbre qui doive ſervir à faire la Pipée, ce n'eſt pas à dire, qu'on ne ſoit pas contraint quelquefois de ſe ſervir de deux, même juſqu'à trois petits arbres, ſelon l'étendue que l'on veut donner à la Pipée, ou lorſqu'on n'en trouve pas un convenable & ſuffiſant qui ſoit ſeul: ſi l'on eſt obligé de ſe ſervir de pluſieurs petits arbres à la place d'un gros bien garni de branches, alors on fait la loge entre ces arbres plûtôt que ſous un particulier, pour ne pas tomber dans l'inconvénient de ſe trouver hors de portée de ramaſſer les oiſeaux pris d'abord qu'ils ſont tombés, ſur-tout lorſqu'ils vallent la peine qu'on ne les laisse pas échapper.

Ce n'est pas à dire que si l'on trouve un gros arbre à peu de distance d'un petit, on ne puisse s'en servir & même les tendre tous les deux ; quoiqu'une Pipée ne soit pas excellente sans arbres, j'en ai fait quelquefois dans des lieux où je n'en trouvois point, ou de trop petits, dont je ne laissois pas de préparer & tendre quelques branches ; & s'il n'y en avoit pas du tout, à cause de la bonté de l'endroit fort peuplé d'oiseaux, je me contentois de faire des routes en étoile en plus grand nombre qu'à une Pipée ordinaire ; elles me réussissoient quelquefois très-bien, il est vrai qu'on n'y prend pas de Buses ni de Corbeaux ; mais les oiseaux d'autres espéces ne s'y prenoient pas mal, je m'en suis même trouvé fort bien pendant les dernieres vacances.

Pour achever de mettre l'arbre, ou les arbres de la Pipée en l'état requis pour pouvoir être tendus & s'en servir comme il convient, s'ils se trouvent difficiles à monter, on a la précaution de couper un arbre bien branchu de côté & d'autre de distance en distance, on en coupe les branches à demi-pied du tronc pour s'en servir comme d'échelle ; & après l'avoir coupé de la longueur nécessaire, on a ſoin de le lier par le haut, & de le bien ſerrer avec une harre contre l'arbre de la Pipée à la hauteur des premieres branches, afin d'y pouvoir monter ſans peine ; car on ne peut s'aider que d'une main, l'autre étant embarraſſée de la poignée de gluaux qui doivent ſervir à tendre cet arbre.

Etant monté avec la ſerpe juſqu'à la hauteur qu'on veut préparer, alors on examine les branches qu'il convient laiſſer, & celles qu'il faut couper. On commence la coupe par le haut de l'arbre, parce que celles qui ſont au-deſſous ſont plus en état de ſoutenir celles qui tombent, dont le poids feroit caſſer celles qu'il eſt neceſſaire de conſerver ; & l'on feroit très-mal de commencer à préparer l'arbre par ſes branches inférieures en remontant, pour les raiſons que je viens de dire.

Ayant coupé & fait tomber à meſure les branches nuiſibles, & ayant élagué celles qu'on réſerve, on les taille ſans en oublier aucune, en faiſant des entailles ou hoches, ce qui ſe fait en donnant de biais de petits coups de ſerpe ſur le deſſus des branches en droite ligne, à diſtance de deux pouces l'un de l'autre juſqu'au tronc de l'arbre. Ces entailles ou hoches sans enlever le morceau doivent être profondes de deux ou trois lignes selon la grosseur de la branche, afin de pouvoir introduire & faire tenir les gluaux panchés sur ces branches, par le gros bout qui est taillé à cet effet, ayant soin en descendant de faire tomber tout le branchage coupé sans en laisser en l'air, crainte qu'il n'épouvante les oiseaux.

Il faut prendre garde de donner à ces entailles trop de profondeur, particulierement où l'on est obligé de poser les pieds ; parce que les branches ainsi entaillées, casseroient sous celui qui tendroit l'arbre, ou bien le moindre vent les romproit. Il faut donc user en cela de la prévoyance nécessaire, tant pour prévenir tous accidens, que pour faire cette chasse avec agrément, & la rendre peu pénible pour le Pipeur. On voit à peu près la forme d'une Pipée & de la loge au frontispice de cet ouvrage.

J'ai dit précédemment qu'une seule Pipée ne suffit pas pour tout le tems que la saison la permet, & que plus on a de différentes Pipées pour en changer souvent, & plus on réussit, tant parce que les oiseaux se rebutent moins d'entendre piper dans différens endroits, que pour en avoir de convenables, & de propres à toutes les saisons.

CHAPITRE VII.

De la loge pour cacher le Pipeur & sa compagnie.

COmme les oiseaux qui verroient les Pipeurs, n'en approcheroient pas, il est nécessaire de pourvoir à cet inconvénient. On fait donc une loge ou cabanne, & même quelquefois plusieurs, si le nombre des Pipeurs est trop grand pour pouvoir être commodément & bien cachés dans une seule loge.

C'est avec les branches qu'on a retranchées de l'arbre qu'on vient de préparer, & celles qui se trouvent fortuitement autour du pied de l'arbre, qu'on forme le corps de la loge sans couper ces dernieres, qui lui donnent toujours par cette précaution un air de verdure, & non pas un air fané, comme il arrive infailliblement, lorsque la loge n'est formée & composée que de branches coupées, & celle-ci vaut beaucoup moins.

On couvre la loge avec beaucoup de branches bien garnies de feuilles de maniere que les oiseaux ne puissent appercevoir ceux qui sont dedans ; car ils ne viennent pas, & ne s'approchent pas sans défiance, particulierement quand la Pipée a servi plusieurs fois ; d'abord qu'ils apperçoivent le Pipeur, ou ils s'en vont sans s'approcher, ou ils restent à crier autour de la Pipée sans changer de place, jusqu'à ce qu'ils s'éloignent tout-à-fait ; ce n'est pas le compte du Pipeur, qui s'égosille inutilement à les appeller, & à les exciter à se poser sur des branches tendues.

On fait la loge grande à proportion de la quantité & de la qualité des personnes à qui on donne le plaisir de cette chasse ; si une seule ne suffit pas, comme il arrive fort souvent, on est obligé d'en faire deux & trois éloignées l'une de l'autre, qu'on place dans des endroits, d'où l'on puisse avoir le plaisir de la Pipée, en voyant les oiseaux se prendre & tomber ; les petites loges sont cependant les meilleures, & les oiseaux en sont moins effarouchés que des grandes.

On a donc soin de bien couvrir ces loges, sur-tout par le haut, & de laisser

à

à chacune trois ou quatre entrées, afin d'en pouvoir ſortir facilement ſans ébranler l'édifice, ce qui effrayeroit les oiſeaux prêts à ſe prendre, & afin de donner une vûe ſuffiſante pour voir l'endroit où ils tombent, quoiquil ne ſoit pas abſolument néceſſaire de voir leur chûte, puiſqu'on juge aſſez de quel côté ils ſont tombés par les cris qu'ils font en tombant.

On donne à ces loges quatre, cinq & ſix pieds de hauteur, afin qu'on y puiſſe tenir ſans être trop gêné, car autrement la peine paſſeroit le plaiſir; d'ailleurs il eſt bon d'y reſter tranquille pendant le tems que le Pipeur appelle, & de ne point toucher ni s'appuyer aux branches dont la loge eſt conſtruite, parce que pour peu qu'on remue, cela fait trembler & remuer tout le corps de la loge, ce qui épouvante les oiſeaux, & les rend très-défiants.

Pour la commodité des Dames, qui ſont aſſez curieuſes de ce ſpectacle amuſant, ſi elles ſont venues en caroſſe, on en prend les couſſins, qu'on range autour de la loge, & ſur leſquels elles ſeront aſſiſes plus à leur aiſe que par terre, dont la fraîcheur pourroit les incommoder : d'ailleurs étant gênées elles ne pourroient demeurer en place, elles remueroient sans cesse, ce qui seroit nuisible à la réussite de cette chasse, où la tranquillité & le silence sont absolument nécessaires, sur-tout lorsque les oiseaux sont autour de la loge. Tous les assistans doivent y être renfermés, sans en souffrir de dispersés de côté & d'autre qui ne soient point cachés, si on veut faire bonne capture ; & le Pipeur ne doit jamais compter sur la promesse de ceux qui voudroient se dispenser d'entrer dans la loge ; car quoiqu'ils ayent promis de ne point sortir de la place qu'il leur assigne, la curiosité les entraîne toujours, ils oublient leurs promesses, & font ainsi manquer la Pipée.

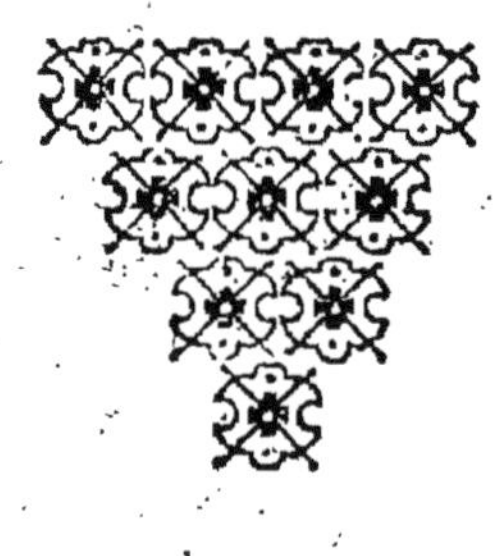

CHAPITRE VIII.

Des avenues ou routes qui font partie de la Pipée.

APrès que l'arbre de la Pipée est préparé comme nous venons de le dire, il faut avant de construire la loge, faire les avenues en assez grande quantité pour y placer les perches ; ce sont des gaulis gros comme le bras & plus petits, selon qu'ils se trouvent, qu'on plie de distance en distance au nombre de trois ou quatre & plus si on veut dans chacune de ces avenues. Ces avenues sont des routes larges de deux ou trois pieds & plus, qu'on nétoye bien du bas, afin que celui qui coure chercher les oiseaux qui le méritent, ne se laisse pas tomber en se heurtant le pied à quelques branches, ou en s'embarassant les jambes dans les broussailles; d'ailleurs cet inconvénient occasionneroit l'évasion des oiseaux pris, qui, lorsqu'ils sont tombés embarassés de quelques gluaux, ne restent point tranquilles, pour peu qu'ils ayent de force, ils l'employent à se procurer la liberté en voltigeant ou courant souvent avec une telle vitesse, qu'il est impossible aux plus habiles de les attrapper ; car que ne fait-on pas pour éviter l'esclavage, ou la mort ?

Ces avenues ou routes se font ordinairement en forme d'étoile, depuis la loge & vis-à-vis ses ouvertures, jusqu'à la longueur & distance qui conviennent au Pipeur ; elles doivent être assez longues pour pouvoir y placer les perches éloignées de quelques pas l'une de l'autre, soit branches d'arbrisseaux voisins, soit gaulis de grosseur convenable qu'on plie en demi-cercle, ou qu'on laisse horisontalement baissées à hauteur de cinq ou six pieds de terre plus ou moins ; car elles servent toutes, si ce n'est pour les gros oiseaux, c'est pour les petits, qui se prennent indistinctement sur l'arbre ou sur les perches : cependant c'est plus ordinairement sur l'arbre que les gros se prennent, à l'exception des Grives & des Merles, qui se posent également sur tous les deux.

Après avoir ainsi préparé vos avenues ou routes au nombre de dix ou douze en forme d'étoile, dont l'arbre de la Pipée est le centre, après avoir observé de les faire dans les endroits moins garnis de taillis, afin de le ménager & de n'en point couper mal-à-propos, de quoi on se dispense prudemment en serrant les branches nuiſibles les uns contre les autres avec une harre, ou une gaule aſſez forte pour les maintenir & former le vuide des routes néceſſaires : après, dis-je, toutes ces préparations, vous avez ſoin de donner légerement ſur les perches pliées quelques coups de ſerpe obliquement, pour faire les entailles comme vous avez fait aux branches de l'arbre, afin d'y pouvoir faire tenir les gluaux qu'on poſe deſſus de diſtance en diſtance plus couchés que ſur l'arbre, & que vous y faites tenir par le moyen de ces entailles ; il faut bien prendre garde de donner le coup de ſerpe trop fort ſur ces perches pliées, qui caſſent à l'inſtant ſi l'entaille eſt un peu profonde.

Après que les avenues ou routes ſont diſpoſées comme nous venons de le faire entendre, on a grand ſoin d'en bien nétoyer le bas pour les raiſons que j'ai dites, ſans y laiſſer traîner ſur terre ni en l'air aucun branchage coupé ; on s'en ſert utilement pour couvrir la loge, ſans être obligé d'en couper d'autres pour cet uſage ; on ménage par ce moyen le taillis où l'on fait la Pipée, de façon qu'à peine ſe trouve-t-il de quoi la couvrir ſuffiſamment de tout le branchage abattu tant de l'arbre que des routes ; ce qui très-souvent ne va pas à la valeur de deux fagots : on ne peut appeller cela un dégât, ni une dégradation dans le taillis ; d'ailleurs lorsque le branchage manque, au lieu de couper du taillis, on acheve de bien couvrir la loge avec du feuillage, de la fougere, ou ramassis de mort bois, qui nuit plus au taillis qu'il ne lui est profitable : cette façon de ménager le taillis doit ôter tout soupçon de sa dégradation.

On voit qu'en prenant ces précautions, les Pipées ne sont point préjudiciables aux taillis où on les place ; puisqu'on coupe si peu de bois en les faisant : après la saison passée de la Pipée, on peut encore redresser les branches pliées des routes, & couper les harres qui tiennent ces branches liées. A l'égard des entailles faites aux branches & aux perches, elles sont recouvertes par la séve au bout de deux ans & souvent plûtôt, & l'arbre de la Pipée n'en ressent jamais aucune incommodité, lorsque ces entailles sont faites avec ménagement ; les branches coupées à l'arbre, loin de lui préjudicier, contribuent à faire grossir le tronc ; comme on émonde les arbres pour les faire profiter, l'abattis de ses branches ne lui est pas plus nuisible. Donc les Pipées faites dans les taillis leur nuiſent peu, ou point du tout pour peu que le Pipeur ſoit prudent.

Voilà donc toutes les précautions à prendre, & les attentions néceſſaires pour rendre votre Pipée faite & parfaite. Il eſt vrai que quelques Pipeurs font une petite haye comme une enceinte autour de la Pipée, & plus particuliérement au fond des routes pour arrêter les oiſeaux qui s'enfuient; mais j'ai toujours trouvé cette précaution ſi inutile, que je m'en ſuis diſpenſé quand j'eu reconnu que cette peine ſervoit plus à faire échapper les oiſeaux qu'à les en empêcher, puiſque cette enceinte fait tomber ordinairement ceux qui courent après les oiſeaux, qui ſe ſauvent pédeſtrement; & qu'elle n'eſt pas ſuffiſante pour arrêter ceux qui s'échappent en voltigeant; & comme j'ai reconnu cet abus je me ſuis abſtenu de faire de pareilles enceintes.

CHAPITRE IX.

De la façon de tendre la Pipée.

ON appelle tendre la Pipée, placer les gluaux & les diſtribuer, tant ſur les branches de l'arbre, que ſur les perches des routes.

On commence le ſoir à tendre par les perches des routes, & on finit par l'arbre ; & le matin c'eſt le contraire, on commence par l'arbre, & on finit par les perches ſans que cela doive paroître myſtérieux : car il n'y auroit point d'inconvénient à commencer indiſtinctement par l'un ou par l'autre, ſi ce n'étoit de faire tort aux gluaux ; lorſque vous commencez le ſoir à les placer d'abord ſur l'arbre, le Soleil eſt plus chaud en commençant de tendre, que lorſque vous avez fini de tendre, à quoi on emploie quelquefois plus d'une heure, & cette heure de différence diminue conſidérablement le ſoir la grande ardeur du Soleil, qui fait fondre & ſécher la glue ; quoique cette différence ne ſoit pas grande, cependant elle eſt ſenſible, & nuit ſouvent plus qu'on ne voudroit, ſur-tout lorſque l'arbre eſt bien à découvert, & que le Soleil donne à plomb deſſus.

On monte donc ſur l'arbre avec une poignée de gluaux ſuffiſante pour le tendre, que l'on tient d'une main ; car il en faut une libre pour ſe ſoutenir, & les placer ſur toutes les branches préparées & entaillées : C'eſt alors que vous vous ſervez de l'échelle faite, comme j'ai dit, d'un arbriſſeau garni de branches, coupé

coupé à demi-pied du tronc. On commence à poser les gluaux sur les branches supérieures en descendant à mesure ; car autrement le Pipeur emporteroit avec soi les gluaux à mesure qu'il les placeroit ; puisqu'ils s'attachent à tout ce qu'ils touchent, & qu'on a bien de la peine à s'en garantir.

On pose les gluaux dans les entailles faites aux branches, comme nous avons dit, à distance l'un de l'autre d'un bon demi-pied & plus s'ils sont longs ; s'ils sont courts, on les pose à quelque distance moindre couchés & panchés sur les branches l'un sur l'autre à hauteur d'environ quatre doigts sur l'arbre, & d'environ trois doigts sur les perches, à peu près de la largeur du corps des oiseaux, observant de les placer en droite ligne le long de la branche ; afin qu'aucun oiseau, qui s'y pose, ne puisse éviter de s'y prendre, soit par le gluau supérieur, soit par l'inférieur, & souvent par tous les deux, quoiqu'un seul suffise pour arrêter un oiseau gros & fort & pour le faire tomber, n'ayant plus alors la liberté de ses aîles, qui ne peuvent le servir à son gré ; parce que s'étant posé entre deux gluaux, il ne peut partir sans étendre les aîles que l'un ou l'autre des gluaux saisit, & englue : l'oiseau s'y est posé en fermant les aîles, mais il ne peut partir qu'en les ouvrant & les étendant, & quand il se voit embarrassé & qu'il veut éviter le piége, qu'il n'apperçoit souvent que quand il est placé sur la branche garnie de gluaux, il se hausse, ou se baisse pour les éviter, mais quoiqu'il fasse, il est saisi par l'un de ces gluaux, qui ne s'attache pas moins aux plumes du dos que du ventre, & même aux aîles d'abord qu'il veut s'en servir pour s'envoler : plus il croit se débarrasser plus il s'embarrasse, & le moindre mouvement qu'il se donne le fait tomber, & quitter la branche, d'où il est précipité comme un pelotton qu'on auroit jetté en l'air ; plus il est lourd, plus sa chûte est rapide, & cet oiseau tombe à terre avec telle roideur qu'il est étourdi pendant quelque tems avant de reprendre ses sens, & de songer à s'échapper.

L'arbre étant une fois tendu & garni de gluaux du haut en bas, on tend ensuite les perches des avenues ou routes, en mettant les gluaux à moindre distance que sur l'arbre, sans qu'ils panchent d'un côté ni d'un autre ; parce que s'ils sont de travers sur la branche, l'oiseau s'en appercevant au moment qu'il s'y pose, les évite en se tenant panché du côté opposé de la branche, d'où les gluaux panchent, cela n'arrive pas quand ils sont placés en droite ligne, alors de quelque côté que l'oiseau y arrive, il est toujours pris, si la glue est friande & bonne; il faut aussi que les gluaux soient plus couchés le long des perches, que sur les branches de l'arbre, parce que les gros oiseaux sont supposés s'y prendre ordinairement, & les petits sur les perches, quoiqu'il s'en prenne des uns & des autres & sur l'arbre & sur les perches.

Le tout étant ainsi bien préparé & bien tendu, il s'agit de faire placer tout le monde dans la loge, ou dans les loges, afin de les arranger de façon qu'en remuant, personne ne touche aux branches dont la loge est construite; parce que cela l'agite & la fait remuer toute entiere; le Pipeur y entre le dernier, tant par politesse, que pour avoir la liberté d'une sortie; & après s'être un peu tranquilisé pour se délasser de la fatigue assez grande d'avoir tendu la Pipée; & pour remettre le calme dans un lieu où tant de mouvement ne s'est pû faire sans quelque bruit; Car il est très-nécesfaire d'y garder le silence, & de n'y parler que très-bas; les oiseaux ayant l'ouï très-fin, ne s'approchent très souvent qu'en écoutant de loin: On commence donc à frouer après quelques momens de silence, pour mettre les oiseaux en mouvement, & les exciter à approcher avec curiosité & animosité pour s'assurer de ce qui se passe, & pour découvrir si leur ennemi commun est là, & lui déclarer la guerre ouvertement.

CHAPITRE X.

De la bonne heure pour commencer à piper.

LA Pipée se fait ordinairement deux fois le jour, le soir & le matin. Il est bon d'avoir fini de tendre le soir entre quatre & cinq heures, si elle se fait dans l'arriere saison, à cause de la briéveté des jours; mais si on la fait dès le mois d'Août, il suffit d'avoir tendu à cinq heures & demi, & même plus tard par plusieurs raisons. Ce n'est pas que les oiseaux ne viennent de meilleure heure;

mais ce n'eſt pas le bon moment, car les oiſeaux ſont diſperſés dans la campagne pour y chercher leur vie, & ils ne reviennent aux bois que pour s'y coucher; ainſi ce ſeroit ſe tourmenter en vain que d'appeller de trop bonne heure, & cela rebutroit les oiſeaux, qui ayant entendu piper long-tems de loin ſe ſoucient peu d'approcher, s'étant accoutumés inſenſiblement à la voix de l'appeau; par conſéquent ils ſont moins actifs à approcher, & même ils ne s'approchent qu'avec défiance, & pour peu que le Pipeur donne un faux ton, il ne tient plus rien; car l'oiſeau inſtruit du piége qui lui eſt tendu, ſe retire en faiſant un cri, qui ſert de ſignal aux autres de ne plus approcher, & le Pipeur ne voit & n'entend plus d'oiſeaux autour de lui pour avoir pipé de trop bonne heure.

D'ailleurs plus le Soleil eſt haut, plus il eſt chaud, & plus il fait fondre la glue, qui étant devenue trop liquide à l'ardeur du Soleil, ne prend & n'arrête plus les oiſeaux, quoiqu'ils ſe poſent ſur les gluaux, & vous avez le déplaiſir de voir qu'ils les font tomber; & qu'ainſi ils défendent la Pipée ſans ſe prendre, ce qui n'eſt plaiſant ni agréable au Pipeur, ni à ſa compagnie, puiſqu'ils n'y trouvent point leur compte ni pour le plaisir, ni pour le profit.

On peut piper jusqu'à ce que la nuit soit close ; parce que les oiseaux de jour donnent & se tiennent aux environs de la Pipée tant qu'ils voient clair, & les oiseaux de nuit approchent ensuite ; car si le Pipeur sçait piper, il a bien-tôt fait venir les Hiboux & les Chouettes, s'il en est aux environs de la Pipée.

On pipe le matin depuis la pointe du jour jusqu'à huit, neuf, & même dix heures selon la saison & le tems qu'il fait, car s'il est sombre, couvert, sans Soleil, sans pluie & sans vent, on peut prendre alors des oiseaux toute la journée ; mais c'est gâter la Pipée pour plus de huit jours, parce que les oiseaux accoutumés & rebattus des cris de la Chouette & du Hibou, ne sont plus si ardents à venir à la Pipée ; ils se contentent de crier de loin, & ne s'approchent point, ce qui n'accommode pas ; ainsi le mieux est de ne point passer les huit heures & demi, ou neuf heures dans la saison avancée ; car ce seroit piper trop tard au mois d'Août, auquel tems le Soleil est très-chaud avant huit heures. J'ai vû & entendu des Geais contrefaire la Chouette & le Hibou comme le Pipeur même, pour l'avoir entendu piper trop long-tems, c'est ce qui rebute les oiseaux.

Il faut avoir tendu la Pipée le matin avant que de piper, & cela emporte assez de tems, quoiqu'on s'y soit pris avant le jour, à moins que dans une saison sereine & tranquille, sans avoir à craindre pluie, vent, brouillard, rosée, ni gelée pour le lendemain, on ne laisse la Pipée tendue du soir au matin, & pour lors on n'a qu'à rétendre les endroits détendus de la veille, & cela avance beaucoup pour pouvoir piper le lendemain matin de très-bonne heure.

Il est nécessaire de piper incontinent après l'aurore, parce qu'en attendant plus tard les oiseaux quittent le bois pour aller aux champs, & n'y reviennent qu'après s'être rassasiés pour s'y mettre au frais, quand le Soleil les chasse des lieux sans ombrage; le Pipeur a tout le lieu de s'impatienter à attendre leur retour, & il se trouve contraint par l'ardeur du Soleil de détendre promptement pour faire comme eux, je veux dire revenir à la maison aussi peu chargé à son retour qu'à son départ.

Il est vrai qu'on s'épargne beaucoup de peine en laissant la Pipée tendue du soir au matin; mais il n'est bon d'en user ainsi que quand la saison est peu avancée ; car il arrive des géles blanches dans l'arriere saison, qui se convertissent en brouillards fort épais, qui se tournent en pluie ; & cette gelée blanche met vos gluaux hors d'état de s'attacher & de prendre.

Les momens précieux pour la Pipée sont le matin au lever du Soleil & le soir à son coucher ; c'est ordinairement à ces heures-là qu'est le fort de la chasse : ce n'est pas qu'on ne fasse fortune avant & après ces heures marquées ; mais c'est le matin communément avant que les oiseaux soient sortis du bois, comme on vient de dire, ou lorsqu'ils y rentrent le soir pour trouver gîte, qu'ils se prennent plus fréquemment : c'est au moins dans ces tems-là qu'ils sont plus en mouvement, plus disposés à se prendre ; d'abord qu'on commence à piper, ils s'approchent assez volontiers, pour peu qu'il s'en trouve aux environs de la Pipée.

CHAPITRE XI.

De la façon de piper & d'appeller les oiseaux,

J'Ai dit précédemment qu'on commence par frouer pour attirer les oiseaux, & exciter leur curiosité. Cela se fait en soufflant dans une feuille de lierre, à laquelle on fait un trou rond avec les dents, l'ongle, ou un couteau, en levant la principale côte du milieu à un tiers de distance de la queue, de la largeur de ce trou qui est rond à y passer un gros grain de chenevi; en soufflant dans cette feuille pliée en deux dans sa longueur, on contrefait un petit oiseau qui appelle les autres à son secours, ce qu'il ne fait que lorsqu'il a rencontré l'ennemi commun, soit Hibou, soit Chouette ou autre; d'abord que ce petit oiseau buissonnier fait ce cri, tous les autres s'animent & accourent en foule cherchant de côté & d'autre pour trouver l'objet de leur haine, & lui livrer bataille.

On froue aussi avec la lame d'un couteau, dont on applique le trenchant en long ſur les deux lévres, & pour lors on contrefait un moineau, qui fait ce cri d'abord qu'il apperçoit l'ennemi, ou quelque bête qui leur fait la guerre; ſi un moineau apperçoit un chat en embuſcade, & qui le guette, il fait ce cri qu'on peut imiter, & qui attire les autres oiſeaux à la Pipée, tant petits que gros, & cela les réveille de leur peu de vivacité à s'approcher, & les rend plus curieux.

Pluſieurs perſonnes font un petit ſifflet avec un peu de cire & une plume de Corbeau, de Pigeon, ou de volaille, & s'en ſervent à froüer, ce qui ne fait pas mal; d'autres ſe ſervent de ce petit ſifflet où ils font un trou par-deſſus, ou au bout, qui diverſifie le ton en poſant le doigt deſſus & le relevant alternativement, de façon qu'ils contrefont le cri d'une mézange en colére, & qui apperçoit quelque choſe de préjudiciable, dont elle veut que les autres oiſeaux ſe garantiſſent par l'avertiſſement qu'elle leur donne par cette eſpéce de cri.

Après avoir froüé quelque tems, pendant lequel on prend ſouvent beaucoup d'oiſeaux, & ſur-tout des rouges gorges, on en garde quelques-uns, que l'on fait crier de tems en tems, & on donne quelque coup de pipeau en contrefaiſant la

Chouette & le Hibou ; il faut faire en ſorte de les imiter ſi bien, qu'ils y ſoient trompés eux-mêmes ; puiſqu'ils viennent ſe poſer ſur l'arbre incontinent après le Soleil couché, ſi le Pipeur ſçait bien piper : s'ils ne font qu'approcher ſans ſe poſer ſur l'arbre, ils s'y poſeront bientôt, ſi le Pipeur contrefait la Souri avec ſa bouche, en faiſant auſſi remuer quelques feuilles ſéches, ſoit de la loge, ſoit de celles qui y ſont à terre ; car ſi on ſortoit de la loge, ils n'approcheroient pas.

On donne les premiers coups de pipeau un peu fort, pour que les Oiſeaux entendent de loin ; mais il en faut diminuer le ton, à meſure que les Oiſeaux approchent ; ſinon ils ſeroient rebutés dans l'inſtant, & ne ſe mettroient pas en peine de chercher & de trouver la Chouette que l'on contrefait ; ils reſteroient tranquilles en place, ſans voltiger de côté & d'autre, pour en faire la découverte à force de changer de branches ; lorſqu'ils ne paroiſſent point aſſez animés, on fait crier de tems à autre quelques Oiſeaux déja pris, en faiſant attention à ne point les laiſſer crier faux ; de quoi le Pipeur habile s'apperçoit d'abord que les Oiſeaux s'éloignent, au lieu de s'approcher.

Quant aux pipeaux ou appeaux, qui sont termes synonymes, on en fait de plusieurs sortes. Les uns en font avec une écorce de Merisier bien ratissée, polie, & applanie avec le couteau ou le canif, & ils la mettent entre deux morceaux de plomb propre à mettre dans la bouche, de la largeur d'un quart de pouce, & de la longueur d'un pouce & demi. D'autres en font avec un morceau de Coudre qu'ils fendent, & qu'ils rejoignent après avoir applani les deux parties séparées, & y avoir levé un petit morceau très-mince qu'on appelle languette, de la longueur de sept ou huit lignes, après l'avoir retréci avec la pointe du canif, & avoir fait une ouverture suffisante à ces deux parties, pour faire passer l'air entre deux, ils les rejoignent & les lient par les bouts avec une ficelle; & s'en servent à piper, on augmente l'ouverture pour grossir le son. D'autres font des pipeaux avec un morceau de Coudre, dont ils levent un morceau dans le milieu, ils applanissent le morceau par dessous, & la hoche dont il est tiré, alors ils posent dedans une feuille d'herbe d'une espéce de Chiendent large, ou une écorce de Merisier, ou de Cerisier, ou un bout de petit ruban de soie, & ayant appliqué & rejoint le morceau enlevé qu'on remet en ſa place, ils laiſſent dans l'entre-deux un eſpace à faire paſſer l'air, qu'on diminue ou augmente juſqu'à ce qu'il ſoit au point deſiré ; & ils s'en ſervent à piper après l'avoir ajuſté à leur gré. D'autres ſe ſervent de différentes herbes, ou de Chiendent doux & ſans poil, car celui qui a du poil, fait ſaigner les lévres ordinairement ; c'eſt une eſpéce de Chiendent large de deux ou trois lignes, qui croît dans les lieux humides à l'ombre dans les bois : ils tiennent cette feuille d'herbe entre les doigts, avec quoi ils contrefont la Chouette & le Hibou de tems à autre ; car ſi l'on pipe trop fréquemment, les oiſeaux ne font aucun mouvement, & n'ont d'autre application, que de ſe garder du piége dont ils ſe défient de plus en plus.

Pour moi, qui ai pris l'habitude de piper librement & aiſément dès ma jeuneſſe, je me ſers d'une feuille de cette herbe, que je mets dans ma bouche ſans la tenir avec les mains ; j'en tire quel ſon je veux, ſoit Chanſons, ſoit autres cris ; & je me trouve libre de mes deux mains, avec leſquelles je tiens les oiſeaux pris, que je fais crier par intervalle, car les autres s'épouvanteroient d'entendre toujours les mêmes cris, & ils s'enfuiroient.

Chaque oiseau qu'on fait crier, attire ordinairement ceux de son espéce ; cependant la Rouge-Gorge attire presque tous les autres, & elle fait peu de bruit, le Pinson attire les grosses & petites Grives, les Merles, les Geais, les Pies ; les plus petits attirent ordinairement les plus gros ; les Geais attirent les Corbeaux & les Pies : ils font souvent tant de bruit, qu'ils étourdissent, & rebutent les autres : ils attirent aussi leurs pareils, mais ils sont difficiles à tenir, parce qu'ils pincent avec leur bec à emporter la piéce ; pour prévenir leur malin vouloir, on leur abbat la partie inférieure du bec, qu'on leur casse ; & pour lors, ils ne peuvent plus pincer, il faut s'en défier, aussi-bien que des Pies qui sont traîtresses. On prend tous les oiseaux qui grimpent aux arbres, comme les Piverds qui sont comme des Perroquets, excepté leur bec : on prend aussi tous les autres qui se tiennent aux arbres, & qui y font des troux avec leurs becs. Pour les faire venir, on frappe de son couteau, ou d'un petit bâton contre le talon, ou la semelle du soulier, ou même contre l'arbre à leur imitation ; d'abord qu'ils entendent frapper ainsi, ils viennent sur l'arbre, & descendent souvent par curiosité jusques ſur la loge ; puis ils remontent, & vont le long d'une branche qu'on a faite exprès pour eux, en préparant l'arbre de la Pipée.

A meſure qu'on a pris des oiſeaux, ou on les tue, ou on les renferme dans un ſac maillé, afin de les y conſerver en vie pour en avoir de propres à crier, lorſqu'il eſt néceſſaire, en faiſant attention à ceux qui crient convenablement ; car il faut tuer ceux qui ont le cri aigre & peu naturel, qui font ſauver les autres, au lieu de les faire approcher, ſinon on ne prendroit rien, & on piperoit infructueuſement.

On les tient par les deux aîles, qu'on joint ſur le dos de l'oiſeau, qui dans cette ſituation, ne peut nuire ni bleſſer, & ne fait point de bruit par le mouvement de ſes aîles, ce qui arriveroit, ſi on ne le tenoit que par les pattes.

CHAPITRE XII.

De la ſaiſon convenable à faire la Pipée.

LA Pipée ne ſe fait pas en toute ſaiſon indiſtinctement; ce n'eſt pas qu'on ne puiſſe attirer quelques oiſeaux en tout tems, mais il en vient bien moins lorſque les arbres ſont dépouillés de leurs feuilles, & qu'il eſt comme impoſſible de ſe couvrir dans la loge où l'on ſe cache pour n'en être pas vûs; il eſt vrai que la fougére peut ſuppléer au défaut de feuilles. Il y a donc des tems & des ſaiſons plus convenables les unes que les autres : la ſaiſon la plus avantageuſe pour faire la Pipée avec grand ſuccès, c'eſt pendant tout le mois de Septembre juſqu'au quinze d'Octobre, communément avant les vendanges & après; ce n'eſt pas qu'on ne puiſſe la commencer plûtôt, & la finir beaucoup plus tard.

On ne peut faire la Pipée avant le mois d'Août, parce que les oiſeaux ſont encore occupés à nourrir leurs petits des dernieres pontes, & que ces petits ne ſont point encore ſuſceptibles de haine contre les Chouettes & les Hiboux, qu'ils ne connoiſſent

connoissent point, & quand ils voudroient leur témoigner du ressentiment, la force n'y seroit pas, quand la volonté y seroit.

D'ailleurs, si on fait la Pipée dans ce tems-là, je veux dire avant le mois d'Août, c'est travailler à détruire l'espéce, sans pouvoir profiter des oiseaux que l'on prendroit; je dis détruire l'espéce: & ce ne seroit pas un grand mal, parce que les peres & meres venant à se prendre alors à la Pipée, ils laissent trop-tôt leurs petits orphelins, car n'étant point encore assez forts pour aller chercher leurs besoins eux-mêmes, ils périssent dans le nid, & s'ils ont quelque force pour le quitter, ils n'en périssent pas moins, car étant tombés par terre, ils y meurent de langueur, ou deviennent la proie des Renards, & des oiseaux carnaciers.

J'ai dis, sans pouvoir profiter des oiseaux, car ces oiseaux qui à peine sont quittes de couver & d'élever leurs petits, sont si maigres & même si peu en chair, qu'il n'est pas possible de les manger à quelque sauce qu'on puisse les mettre; c'est donc détruire l'espéce sans aucune utilité, & même sans aucun plaisir; car d'être enfermé dans une loge pendant la chaleur, comme au tems de la canicule, n'eſt point un plaiſir ſouhaitable. J'ajouterai à toutes ces raiſons, celle de ne pouvoir attirer les oiſeaux facilement à la voix du Hibou, & de la Chouette; car attentifs à nourrir leurs petits, & à ſe nourrir eux-mêmes, tout autre ſoin les occupe peu, ou point du tout; ainſi, toutes ces raiſons doivent perſuader que la Pipée ne doit pas ſe faire en d'autres ſaiſons que celle que j'indique, qui eſt la meilleure.

Il eſt vrai que c'eſt plus par amuſement que pour le profit que ſe fait la Pipée, quelquefois dans le tems des Meriſes, & que les oiſeaux enyvrés du jus de ce fruit, y viennent, mais ce n'eſt pas en auſſi grand nombre que dans une ſaiſon plus avancée.

La Pipée ſe peut faire plûtôt & plus tard que je ne dis; mais cela dépend de pluſieurs circonſtances, la douceur du tems dans une ſaiſon avancée y engage ſouvent, & le loiſir dont jouit un homme qui aime la Pipée, lui en fait faire la tentative au riſque de ne rien prendre; il la fait alors plûtôt pour s'amuſer & paſſer ſon tems, que pour le profit qu'il en prétend.

J'ai obmis d'inſerer dans le Chapitre

précédent, que des Pipeurs se sont avisés de porter & attacher sur leurs arbres de Pipée des Hiboux & des Chouettes, ou à leur défaut, de leurs aîles sur la loge; j'ai cru bien faire de les imiter, mais j'en ai reconnu l'abus : car ce stratagême, loin d'attirer les oiseaux, les fait fuir ou rester en place, quand ils apperçoivent la Chouette ou le Hibou, qu'ils n'approchent pas de trop près ; il ne m'a jamais réussi, je ne dis pas qu'il ne puisse réussir quelquefois, cela dépend de la disposition des oiseaux. J'ai conservé du soir pour le matin, un oiseau vivant, comme Merle, Grive ou Geai, pour les faire crier en commençant à piper le matin ; cette précaution me réussissoit quelquefois assez heureusement, & je m'en trouvois mieux que de poser sur ma loge une Chouette ou un Hibou.

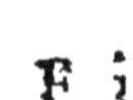

CHAPITRE XIII.

Du tems propre à pouvoir faire la Pipée avec succès.

POur pouvoir faire la Pipée agréablement & avec succès, il faut choisir un tems tranquille, sans trop de chaleur, & sans un froid trop cuisant ; car s'il fait trop chaud, la glue devient si fluide, qu'elle tombe des gluaux, & qu'elle a dans cet état trop peu de force pour prendre & pour arrêter les oiseaux qui s'échappent très-facilement, & en arrachant sans peine avec le bec, le gluau qui les retient ; s'il fait trop froid, la glue devient si dure, qu'elle ne s'attache point du tout, & que les oiseaux se posent par tout indistinctement, sans danger d'être pris, puisqu'aucuns gluaux ne s'attachent à leurs plumes. Le Pipeur n'a donc d'autre satisfaction, que de les faire venir sans les prendre, & de leur voir faire tomber tous les gluaux, sans qu'aucuns soient en état de les arrêter.

S'il fait un tems pluvieux ou un brouillard épais & humide, la glue ne fait pas son devoir. S'il fait aussi beaucoup de rosée le matin, avant qu'elle soit dissipée, le Pipeur ne fait pas fortune ; avec l'incommodité de la pluie pour lui, il a le chagrin de voir que les oiseaux ne viennent pas, & au cas qu'il en paroisse quelques-uns auprès de la Pipée, ils se tiennent tranquilles sans voltiger de côté & d'autre, restant à la même place ; on a beau bien piper, & se donner toute la peine possible, c'est inutilement : on ne fait que rebuter & rebattre les oiseaux, sans en prendre ; ajoutez à cela, que la pluie tombant sur les feuilles, les inquiétte par le bruit qu'elle y fait. Ainsi, il vaut beaucoup mieux se tenir en repos ; car les oiseaux craignent de se mouiller, & s'ils le sont, quand la glue prendroit à merveille, elle ne s'attache pas aux plumes. Ainsi, le Pipeur a le désagrément de tendre & de détendre sa Pipée, & de la quitter sans avoir rien pris, qui le puisse dédommager de sa peine.

Il n'en est pas de même, si après une pluie douce le tems devient calme, quoique sombre ; pourvû que les arbres soient essuyés, les oiseaux occupent tellement le Pipeur, qu'il n'a pas le tems de rester oisif dans sa loge : ils donnent si opiniâtrement à la Pipée, qu'il suffit qu'ils ayent entendu quelques coups de Pipeaux, pour ne plus abandonner l'endroit où ils font un tel carillon, que le Pipeur en est tout étourdi, & qu'il ne sçait souvent auquel courir; car ils ne se rebutent pas pour le voir sortir de la loge; il en est presque de même le matin pendant un brouillard sec; soit disposition alors à entrer en colère, soit qu'ils voient moins, ils sont très-animés, & font de leur propre mouvement, honneur au Pipeur, sans qu'il soit obligé de les exciter beaucoup.

S'il fait du vent, pour peu qu'il soit fort, il n'est pas possible de tendre l'arbre, quoiqu'il soit à l'abri; car à mesure qu'on tend une branche, les gluaux tombent à terre, ou sur le Pipeur qui a bien de la peine à s'en débarrasser, & la glue fait des taches qu'il n'est pas possible d'ôter. Dans cette circonstance le Pipeur est obligé de tendre roide, & alors les oiseaux qui se prennent, laissent seulement leurs plumes aux gluaux qu'ils ne peuvent détacher de la branche où ils sont posés, qu'en tirant bien fort, & à moins qu'ils n'emportent le gluau avec eux, ils s'échappent au grand déplaisir du Pipeur.

Il est vrai qu'on peut tendre quelquefois les routes, parce qu'elles sont plus à l'abri que l'arbre qu'on ne tend pas alors; mais on n'est pas fort avancé; car soit que les oiseaux entendent difficilement le Pipeur, à cause du vent qui ne porte pas la voix de tous côtés, ou que les arbres & les feuilles agités fassent tant de bruit, que les oiseaux inquiets n'ôsent s'approcher, quand même ils entendroient, ils restent en place sans se soucier de satisfaire leur curiosité, ni l'avidité du Chasseur, qui perd son tems & ses peines.

Le meilleur moment pour la Pipée est donc un tems calme & tranquille, quelques instans après une pluie legére & chaude; alors les oiseaux sont si animés & si disposés à se prendre, & à donner de bon cœur, que la capture est souvent plus grande qu'on ne voudroit; car le moindre coup d'appeau les fait accourir avec tant de précipitation, qu'on n'a pas assez de jambes pour courir après, ni assez de mains pour les ramasser. Ce sont toutes sortes d'oiseaux qui viennent indistinctement; la raison de ce grand concours d'oiseaux est, qu'ils sont retournés des champs aux bois, pour s'y mettre à couvert, car ils pressentent les mauvais tems; & qu'étant assemblés en grande quantité, ils s'excitent & s'animent les uns les autres : c'est pour ainsi dire à qui se prendra le premier ; ils se jettent jusques sur la loge ; ils ne se font point attendre, & un seul pris suffit pour que les autres accourent à son secours pour peu qu'il crie, sans que le Pipeur soit obligé de prendre la peine d'appeller.

Un tems de brouillard sec le matin est fort bon, comme je l'ai dit, pourvû que le tems soit calme, qu'il ne soit point trop épais, ni trop humide, & qu'il ne se convertisse point en pluie, parce que l'humidité & la pluie nuisent à la glue, que les oiseaux ne volent point, ou peu, lorsque les arbres sont mouillés ; & que le Pipeur se gâte & se morfond inutilement. Ce tems sombre & disposé à la pluie retient apparemment les oiseaux aux bois, & ils s'apperçoivent peu des gluaux qu'ils évitent moins qu'en tout autre tems.

C'est donc un tems calme, sans pluie, sans vents, tant le matin que le soir, qu'il faut pour réussir à cette Chasse, & y avoir tout le plaisir qu'on en peut attendre ; car il est disgracieux & dangereux de monter sur l'arbre pour le tendre & le détendre, lorsqu'il est mouillé ; il est encore plus disgracieux de s'asseoir

par

par terre, lorſqu'elle eſt humide : car reſter trois ou quatre heures à l'humidité ſans mouvement, peut donner la Colique & des Rhumatiſmes. Une petite gelée blanche dans l'arriére ſaiſon attire beaucoup de Pinçons qui ne viennent guéres à la Pipée, ſans y amener de groſſes Grîves, qui vont ordinairement en grande bande, & peu s'en retournent comme elles ſont venues.

CHAPITRE XIV.

Des Oiſeaux qui ſe prennent ordinairement à la Pipée.

IL ne m'eſt pas poſſible de nommer tous les oiſeaux qui ſe prennent à la Pipée, parce qu'ils ne portent pas le même nom dans tous les pays, & qu'il en eſt beaucoup dont le vrai nom m'eſt inconnu ; ce n'eſt pas faute d'en avoir pris de toutes les eſpéces qu'on peut prendre à cette Chaſſe ; & j'aurois bien plûtôt fait de dire ceux qui ne s'y prennent pas.

On y prend à la brune les Hiboux, les Chouettes, & autres oiſeaux nocturnes leurs diminutifs ; ſur-tout en contrefaiſant la Souri, c'eſt ce qui les fait approcher à l'inſtant : elles leur ſervent de mets exquis, au défaut d'autre gibier. Au lever du Soleil, ou lorſqu'il va ſe coucher, on prend des groſſes Buſes, des Eperviers, des Tiercelets, Emouchets, Emerillons, qui ſont tous oiſeaux très-voraces & très-carnaciers ; à l'égard des Buſes, on contrefait leurs cris & leurs voix ; d'ailleurs l'envie de profiter de quelques oiſeaux qu'ils entendent crier de façon à s'imaginer qu'ils ſont tenus à quelques piéges, fait approcher ces ſortes d'oiſeaux avides & gourmands, & les fait poſer ſur l'arbre de la Pipée, où on a fait des branches exprès pour les y attirer, comme je l'ai dit ailleurs, & d'où ils tâchent à découvrir le lieu où ſont les oiſeaux qui crient, afin de pouvoir fondre ſur eux à leur avantage ; & quoique ces gros oiſeaux ſoient très-forts des ailes & du corps, leurs plumes chargées & garnies d'un duvet fort doux, ſont très-ſuſceptibles de s'attacher à la glue, qui ne les quitte point, car il y a de la priſe, & plus ils ſe remuent pour ſe débarraſſer des gluaux, plus ils en ſont ſaiſis & entortillés étroitement ; dès qu'ils quittent la branche où ils s'étoient poſés, ils tombent de roideur ſur la terre, & cette chute les étourdit tellement, qu'à peine peuvent-ils se remuer dans cet état; mais il faut bien se donner de garde de leurs serres en les ramassant, car ils ne quittent pas facilement ce qu'ils accrochent, quelque chose qu'on fasse; il faut donc avoir la précaution de se servir d'un gand bien épais pour les prendre à la main, après leur avoir mis le pied sur le corps, & prendre garde qu'ils n'attrapent les jambes, qu'on n'en débarrasse qu'avec beaucoup de peine; on peut les assommer d'un coup de bâton, ou du dos de la serpe: Il est vrai que les Emouchets, & autres de ce petit Volume, ne sont pas si dangereux que les Buses.

Les Corbeaux s'y laissent prendre aussi très-souvent; mais ils ont la précaution de se poser tout au haut de l'arbre sur les branches les plus élevées, & même tout au bout: on les prépare & on les tend exprès pour eux, lorsqu'on a dessein d'en prendre: ils sont plus forts à proportion que les Buses, & même plus alertes.

Les Pies sont si animées à la Pipée, qu'elles détendent un arbre du haut en bas, & elles s'y prennent avec tant d'opiniâtreté, qu'il est assez difficile de s'en débarrasser; & quand elles sont tombées, elles courent avec tant de rapidité, qu'on a bien de la peine à les attraper. Je me suis trouvé quelquefois si obsedé de Pies & de Corbeaux, qu'il étoit impossible de s'entendre, & que je me suis vû contraint pour m'en débarrasser & les dissiper, de sortir de la loge & de leur jetter des bâtons en l'air pour les chasser; & quoiqu'effarouchées de la sorte, elles reviennent encore avec ardeur d'abord qu'elles entendent piper : un tel tintamarre fait souvent préjudice, parce qu'elles détendent toute la Pipée haut & bas, & qu'ainsi on n'a pas la satisfaction de prendre autant d'oiseaux bons à manger, qu'on en auroit sans leur importunité.

Les Geais ne sont pas des derniers à se rendre à la Pipée, & se joignent toujours aux Pies pour leur aider à faire tapage & carillon, qui sont à la vérité divertissans, mais qui ne sont pas profitables, à moins que le Pipeur n'en veuille aux Pies, & qu'il n'en fasse son capital. Les Merles se joignent aux précédens; & comme ils sont grands clabaudeurs, ils font ensemble un trio, qui ressemble plus à un sabat d'oiseaux, qu'à un concert recréatif & tranquille. Les becs des Geais & des Pies sont à éviter; car ils ne font point de bien où ils l'appliquent. Les Pies, les Geais & les Merles, font de tous les oiseaux qui se prennent à la Pipée, les plus difficiles à attraper à cause de la vîtesse de leurs courses ; car ils se sauvent en courant au moment qu'ils tombent sans être étourdis de leurs chûtes ; à moins que d'aller les prendre aussi-tôt qu'ils sont tombés, ils s'échappent, s'ils ne sont tenus de plusieurs gluaux, & s'ils ne sont des jeunes de l'année ; car les autres se servent de la vîtesse de leurs pieds très-à-propos pour se procurer la liberté & la vie.

Si les grosses Grives viennent joindre leurs voix rauques à celles des autres, c'est alors que le Pipeur est à bout de toutes façons ; car elles redoublent & augmentent tellement le cri des autres, qu'il est impossible de s'entendre, & lui donnent tant d'occupation & aux assistans, qu'ils ne cessent d'amasser. Je me suis vû, moi quatriéme, tous occupés à courir ramasser de tous côtés, sans que ces oiseaux animés cessassent de se jetter en foule & de tomber comme grêle, quoiqu'ils s'apperçussent du mouvement des Chasseurs ; & comme les cris des oiseaux redoublent à mesure qu'on les ramasse, les autres n'en sont que plus animés & plus acharnés à ſe jetter par-tout tant ſur l'arbre, que ſur les perches, alors on ne peut arrêter cette confuſion, qu'en tuant au plus vîte tous ces oiſeaux, pour ſupprimer leurs cris, & en ceſſant de piper pendant quelque tems, & ſouvent encore cela n'eſt pas ſuffiſant.

Les Pinçons ſe mettent de la partie, & font leur petit carillon ; ils s'attroupent en très-grande quantité, & ſi les groſſes Grives ne ſont point arrivées, ils ne tardent guére à les attirer, pour peu qu'il s'en trouve dans le canton : ils ſe jettent auſſi par-tout indiſtinctement, & donnent auſſi beaucoup d'occupation à amaſſer, car ils ſont bons fricaſſés, rôtis & frits. Les gros becs & les Pinçons d'Ardennes viennent ſe méler aux autres.

Ces gros Piverds qui ſont comme des Perroquets, qui ont le talent de percer avec leurs becs tous les arbres tant durs qu'ils ſoient, viennent auſſi prendre part à la fête, la ſeule curioſité les y attire dans le moment ; car ils ſe prennent plus volontiers en frappant avec quelque choſe contre l'arbre.

Au lever du Soleil, à ſon coucher & les inſtans d'après ſont les momens favorables pour prendre des petites Grives, & des Merles en quantité ; c'est-là la véritable heure du triomphe du Pipeur pour avoir du bon ; ce n'est pas qu'il n'en prenne en d'autres momens, mais ceux que je viens de dire sont communément plus profitables & les plus agréables, car la chasse est plus tranquille. Aussi ne faut-il faire de bruit, que le moins qu'il est possible ; car les oiseaux s'ils ne sont animés & excités par le grand nombre, y regardent de fort près, & sont faciles à dissiper & à écarter plus promptement que le Pipeur ne desire ; car il voudroit, pour ainsi dire, ne point cesser de prendre des Grives à cause de leur excellente qualité, & de l'usage qu'on en fait tant rôties, que fricassées & en pâte ; elles sont très-exquises accommodées de ces trois façons, sur-tout quand elles sont grasses.

Les Rouges gorges, quoique moins exquises aux environs de Paris à cause de la terre séche & sablonneuse, que dans la Lorraine & Pays Messin, où elles sont aussi délicates que les Ortolans, ne sont pas des dernieres à s'approcher, & à mettre les autres en train ; car la curiosité seule les fait prendre sur une perche, tandis qu'on en tend une autre, & même très-souvent sans piper, ce qui est d'un très-bon augure ; car elles attirent d'ordinaire les autres oiseaux par leurs petits cris, qui est toujours bon pour les exciter & les faire approcher.

Les Rossignols, les Mesanges de toutes especes, les Roitelets, les Verdiers, les Moineaux, les Fauvettes & autres de différentes especes, qu'il seroit trop long de rapporter, se prennent à la Pipée, & augmentent le produit de cette chasse ; tous ces petits sont bons rôtis, fricassés, & meilleurs encore étant frits.

Ceux que je n'ai jamais pris à la Pipée sont les Ramiers, les Tourterelles, les Sansonnets, les Linottes, les Chardonnerets & quelques autres, à moins que le hazard ne les fasse poser sur l'arbre ; mais ils ne viennent point au pipeau : il est vrai qu'à l'exception des deux premiers, la perte n'est pas grande, car ils augmenteroient peu le profit & l'amusement du Pipeur, qui en est bien dédommagé par la prise des autres qui valent mieux. Tous oiseaux qui ne perchent point & qui n'ont point d'antipathie pour le Hibou & la Chouette, n'approchent jamais de la Pipée ; ainsi cette chasse ne porte aucun préjudice à quelque sorte d'oiseaux que ce puisse être, mis sous la protection des Ordonnances sur le fait de la chasse.

CHAPITRE XV.

Les Seigneurs devroient avoir des Gardes de Chasse, qui sçussent la Pipée.

LA destruction d'un grand nombre d'oiseaux de proie, qui font un tort considérable au gibier de toute espece, devroit être un motif assez puissant pour que les Seigneurs fussent curieux d'avoir des Gardes-Chasse qui sçussent faire la Pipée sur leurs terres, ils pourront s'en amuser eux-mêmes quelques momens pendant les vacances, ou en donner le plaisir aux Dames qui se trouvent chez eux, & qui ne peuvent jouer toujours, ou lire ; car les plaisirs les plus diversifiés sont les plus flatteurs ; l'avantage de manger des Grives prises à cette chasse, ne doit entrer pour rien dans cette vûe.

La destruction seule des Pies, des Piverds & des Geais, doit être un motif suffisant, quand il n'y en auroit point d'autre que d'empêcher le dégât qu'ils font, pour que les Seigneurs autorisassent leurs Gardes, & les excitassent à faire cette chasse ; puisqu'ils peuvent prendre d'une seule Pipée plus de ces oiseaux, qu'ils n'en peuvent tuer pendant le cours de l'année. Quand même les Seigneurs fourniroient pour un écu de glue dans le tems des vacances, ne leur en coûte-t-il pas davantage à leur payer tant par pieces de bêtes puantes ? Et d'ailleurs les Gardes n'en tireroient pas moins le reste de l'année à l'ordinaire ces oiseaux, qui font d'un tel préjudice sur une terre, qu'ils la dépeuplent entierement, comme nous l'avons dit, de Liévres, Lapins, Perdrix, Cailles & autres especes de petit gibier.

J'ai marqué suffisamment quel dégât font à tout ce gibier les Buses, les Emouchets, Emerillons, Corbeaux, Pies & Geais, & les Piverds dans les Forêts ; pour faire connoître aux Seigneurs l'importance & l'utilité de cette chasse. J'ai fait voir que le bien public exige la diminution du nombre de ces oiseaux par des raisons reconnues de tout le monde ; car la destruction en est impossible. Le Laboureur faisant une récolte plus abondante en grains & en vins, aura moins de prétextes spécieux pour se plaindre du tort que la quantité d'oiseaux lui a causé, & il sera moins autorisé à demander des diminutions de fermage, qu'il se dit hors d'état de payer, parce que sa récolte n'est pas bonne. Il payera peut-être mieux son Maître.

Ceux qui sont préposés pour la garde des Capitaineries Royales, sçachant cette chasse en feront un usage pour la conservation du gibier dans les plaisirs du Roi, qui ne sera pas d'un petit avantage, & ils lui couteront moins, si on prend les précautions convenables sans rien changer à leurs états & à leurs conditions. Enfin si on trouve peu d'utilité à faire la Pipée, ce ne peut être que de la part de ceux qui n'en sont pas bien instruits; & l'on trouvera aussi qu'au pis aller si elle est peu utile, elle n'est préjudiciable ni aux Seigneurs, ni aux Particuliers.

Ainsi je conclus qu'elle doit être plûtôt desirée que défendue, & qu'on devroit imposer aux Gardes-Chasse de ne point inquiéter ni troubler ceux qui la font avec la prudence nécessaire, & le ménagement convenable pour les taillis en quelques endrois qu'ils la fassent. Et qu'au contraire ils doivent se mettre au fait eux-mêmes de la pouvoir faire avec succès.

CHAPITRE XVI.

Maniere de prendre des Vannaux & des Pluviers.

LA saison la plus convenable pour prendre les Vannaux & les Pluviers est dans l'arriere saison, c'est-à-dire depuis les tems des semailles, qui commencent à la mi-Septembre, jusqu'au Carême ; car pendant cette espace de tems ces oiseaux sont ordinairement attroupés en très-grandes bandes, comme la plûpart des autres especes.

Quoiqu'on prenne ordinairement beaucoup de ces oiseaux avec des filets, comme les Allouettes avec les appellants & les muës sans miroir ; on peut aussi en prendre quantité avec les gluaux ordinaires, ou même de plus longs que ceux pour la Pipée ; après les avoir enduit suffisamment de glue quinze à dix-huit pouces de longueur à la pointe, en laissant le gros bout sans y en mettre pour ne point se poisser les doigts en les maniant, on les envelope dans la toile cirée comme les autres gluaux.

Je ne dis pas ici la façon de préparer

la glue, & de l'amollir avec l'huile au tems des gelées pour la rendre plus friande, je m'en suis expliqué en parlant de la Pipée au Chapitre III. où l'on pourra avoir recours ; les gluaux étant englués convenablement & en bon état, on se transporte le matin & le soir, même au milieu du jour, si le Soleil n'est point assez ardent pour faire fondre la glue, ou si le tems n'est pas pluvieux ; car la pluye empêche la glue de s'attacher ; on se transporte, dis-je, dans un lieu de passage pour ces oiseaux, qui se posent ordinairement dans les terres labourées fraîchement, pour y amasser des vers, ou dans celles qui sont ensemencées depuis peu pour y amasser le grain semé, dans les champs où les bleds commencent à pointiller au sortir de terre pour y pâturer, ou enfin dans les pays de prairies humides, sur-tout pendant l'hiver, pour y laver leurs becs & leurs pattes.

Il faut que ce soit dans une pleine campagne sans hayes, sans arbres & sans buissons, si cela se peut ; parce que ces oiseaux, qui sont très-défiants, s'en approchent rarement, afin de pouvoir découvrir de plus loin tout ce qui vient à eux ; car ils sont d'un abord très-difficile.

à moins que le Chasseur, qui a dessein de tirer, ne contrefasse l'yvrogne, & ne crie de toute sa force en les approchant en ziguezague, & non pas en allant droit à eux, pour lors ils s'en défient moins.

Il faut avoir des Vannaux vivans pour servir d'appellant, ce qui est possible, puisqu'on trouve des nids de ces oiseaux dont on peut élever des petits, on peut même avoir des appaux, qu'on trouve facilement chez les Clinqualliers, ordinairement dans la ruë Saint Denis ou sur le Quai de la Feraille, avec lesquels on contrefait le cris des Vannaux : il y a aussi des appaux de Pluviers ; & pour peu qu'on entende ces oiseaux, il est plus facile de contrefaire leurs cris, que de s'en instruire dans la Maison Rustique, qui enseigne par des notes de musique à les imiter ; & ceux qui ne la sçavent pas ou médiocrement, ne peuvent faire usage de pareilles instructions.

On conserve les Appellans dans des cages, ou bien on les laisse posés par terre à découvert, ce qui vaut bien mieux ; car quand ils n'appelleroient pas, ils attirent les passagers, & les engagent à se poser avec eux dans l'endroit où les gluaux sont tendus. S'ils appellent bien ſans être enfermés, on ne tarde guére à leur voir des compagnons pour peu qu'il en paſſe aux environs de votre tenduë ; dans ce cas ſi on n'a pas eu la précaution de leur ôter des plumes des aîles pour les empêcher de s'enfuir & de s'envoller, on leur met une eſpece de bottine de drap, ſur laquelle on attache une ficelle qui ne peut écorcher ou bleſſer la jambe au moyen de cette précaution ſuſdite ; cette ficelle eſt longue de cinq ou ſix pieds & fort mince, on peut ſe ſervir d'une nompareille verte.

On attache le bout de cette ficelle à un piquet à crochet qu'on enfonce en terre juſqu'au crochet pour qu'il ne ſoit pas viſible, & qu'il ne paroiſſe pas que l'appellant y tient attaché ; car les paſſans qui pourroient s'en appercevoir s'en défieroient, & ne ſe poſeroient point auprès de lui, & iroient plus loin ; car ils paſſent & repaſſent en vollant ſur l'endroit avant que de s'y abaiſſer.

Si on a pluſieurs Appellans, on les place à quelque diſtance l'un de l'autre, & les gluaux hors de la circonference, où peut atteindre la ficelle qui tient chaque Appellant à ſon piquet, afin qu'il puiſſe aller & venir ſans s'y prendre luimême.

Les Muës sont des Vannaux morts qu'on a tiré à coup de fusil, ou tué autrement ; on les pose à terre le bec tourné du côté d'où vient le vent, afin qu'il range leurs plumes sans qu'elles restent hérissées : on les appuye avec des petites fourchettes ou crochets de bois pour les tenir en état comme s'ils étoient vivans ; ou bien on les accommode avec du fil de fer, qui les soutient de façon qu'ils ne paroissent pas être morts, & on les fixe dans une place bien apparente d'où ils puissent être vûs facilement par leurs compagnons passans qu'ils attirent.

Pour conserver ces Muës plus longtems & qu'ils servent dans le besoin, on écorche les Vannaux sans faire tort à leurs plumages, on les rétablit dans leur état naturel, remplissant le corps de paille ou d'autre chose qui ne soit point sujet à corruption, & on les recout sous le ventre pour leur donner leur forme ordinaire, ou bien on se contente de les vuider proprement, & de les remplir de sel & de persil haché bien menu, ou d'orties bien séches & bien hachées, ou de tout cela ensemble ; on les préserve ainsi de corruption qui leur arriveroit en peu de tems sans cette précaution ; & au moyen d'un fil de fer, on maintient leurs

leurs aîles & leurs pieds dans leur situation naturelle comme s'ils étoient vivans, on les serre au retour de la chasse pour les retrouver au besoin, sinon les chats ou autres bestiaux pourroient les manger ou les défigurer.

Après toutes ces précautions, & ayant choisi une place convenable pour y tendre, où l'on a vû souvent des Vannaux & Pluviers, c'est-à-dire, un terrain de leur goût, on pique ses gluaux en terre suffisamment pour qu'ils y restent inclinés assez pour que les oiseaux ne puissent les approcher, ni passer dessous sans les toucher; ils s'apperçoivent bien moins des gluaux que des filets. Il faut placer les gluaux à distance convenable des Appellans pour la raison que j'ai dit précédemment.

Les Vannaux & les Pluviers pris à la glue & retenues par des gluaux ne peuvent plus s'envoller, ils marchent seulement, cela attire tous les passans & fait grossir la troupe & la capture; si le Chasseur s'apperçoit que ceux qui sont pris se débattent, ou que quelques-uns veuillent s'échapper, il les va prendre, & après les avoir tué, il peut les laisser dispersés sur la place, ils attireront ceux qui passeront.

On prend par cette méthode une quantité prodigieuſe de ces oiſeaux dans les pays où ils abondent. Il faut que le Chaſſeur ſoit bien caché ; car ces oiſeaux qui ſont défiants ont l'œil vif & perçant & apperçoivent de fort loin ; il faut auſſi qu'il ſe mette à une diſtance raiſonnable du lieu où il a tendu, afin de ne pas être expoſé à être vû des Vannaux & des Pluviers. S'il peut faire un trou en terre où il ſoit aſſis, cela n'en ſera que mieux, & qu'il ſoit bien couvert du haut avec des épines ou des herbages en forme de petit buiſſon fort bas, laiſſant du côté de ſa tendue une ouverture médiocre pour voir facilement ſans aucun mouvement de ſa part les oiſeaux qui s'y abattent, & qui étant pris pourroient s'échapper ; je lui recommande donc de ſe poſter de ſorte qu'ils ne puiſſent l'appercevoir en paſſant en l'air ; car ils héſiteroient beaucoup à ſe poſer, ou ils s'iroient poſer loin du lieu qu'il déſire, & s'ils ſe défient ils ne ſe poſeroient pas du tout, & ils iroient ailleurs, ce qui ne ſeroit pas le profit ni le compte du Chaſſeur qui perdroit ſon tems & ſes peines.

CHAPITRE XVII.

Maniere de prendre des Grives Champenoises & autres.

LEs Grives qu'on appelle Champenoises sont brunes sur le dos, rousses sous le ventre ; elles vont l'hiver en aussi grande troupe que les Sansonets : les lieux qu'elles recherchent par préférence sont aussi les prairies humides à l'abri du vent, ou sur des pelouses peu éloignées des génevriers où le Soleil donne. C'est donc dans ces endroits où l'on s'est apperçu qu'elles habitent ordinairement alors, qu'on dispose & qu'on prépare une place convenable à cette chasse.

S'il est possible d'avoir de ces Grives en vie, ou des grosses qu'on ppelle Grives de Gui, on les attache par la patte avec une petite ficelle au bout d'une baguette bien droite sans branches longue de quatre à cinq pieds : on met du côté du gros bout deux ficelles bien attachées par le milieu à cette baguette ; les bouts de ces ficelles sont garnis de piquets longs de sept à huit pouces.

On attache la premiere de ces ficelles

plus longue que l'autre de deux bons pieds, à un pied & demi du bout de la baguette ; & on met la seconde plus courte que la premiere & garnie aussi par ses bouts de petits piquets, à un demi pied du gros bout de la baguette ; de même que celle dont on se sert pour la chasse aux Allouettes avec les fillets & le miroir, pour attacher les Proyes ou Muës: pour peu qu'on ait vû cette chasse aux Allouettes, on sera au fait de la baguette dont je parle. On plante ces quatre piquets en terre, & au moyen d'une ficelle longue attachée à cette baguette à un pied de distance de celle des piquets du côté du petit bout de la baguette, le Chasseur bien caché en fait élever le petit bout auquel est attachée la Grive vivante en muë, qui sert à attirer les autres ; & au défaut d'une Grive vivante on se sert d'une morte bien en plume ; le Chasseur tient en main le bout de cette grande ficelle qu'il tire, & ce mouvement qui éleve la baguette fait voltiger la Grive qui y est attachée ; pour peu que les Grives passageres l'apperçoivent sans voir le Chasseur, elles viennent se poser auprès d'elle à terre, ou sur des buissons voisins. On a soin d'avoir aussi quelqu'autres Grives qu'on tue au fusil, qu'on place sur un buisson en un endroit évident, le bec tourné du côté d'où vient le vent, pour que ses plumes ne se hérissent pas, & qu'elles se tiennent comme si elle étoit vivante; car il est nécessaire qu'elle paroisse telle à celles que le Chasseur veut attirer. Pour avoir des Grives de Gui en vie, il faut tendre des gluaux sur les gros bouquets de Gui où elles vont en manger la graine sur les arbres qui en sont chargés, comme les tilleuls, pommiers & poiriers, les épier & les prendre quand elles s'y sont prises, & les conserver en vie pour s'en servir à l'usage qu'on en doit faire, selon que je viens de le dire.

On a la précaution d'avoir un petit arbre & même plusieurs garnis de branches bien distribuées autour du tronc des arbres préparés comme pour la Pipée, c'est-à-dire, dont les branches sont entaillées à y placer des gluaux facilement. On plante ces arbres dans le milieu d'un buisson, de façon que toutes les branches garnies de gluaux soient supérieures & passent le buisson; ou bien au défaut de buisson, on plante ces petits arbres en plaine campagne, soit en les piquant en terre où l'on fait un trou profond suffisamment avec un piquet, pour les faire tenir droits sans que le vent puisse les faire tomber ; ou bien après avoir enfoncé un bon piquet bien solidement ; long suffisamment, on attache contre lui avec des harres haut & bas & même au milieu, les petits arbres pour les maintenir droits & solides. On les tend & on les garnit de gluaux qu'on fait tenir le long des branches au moyen des entailles ; & quand tout est bien tendu, on fait ensorte de faire tenir en évidence sur une branche une Grive dans un état naturel, & comme si elle étoit vivante. On place aussi des gluaux panchés suffisamment contre terre à la hauteur de trois doigts autour de la Grive, qui est en muë à terre attachée à la baguette qu'on fait voltiger de tems à autre ; & pour lors pour peu qu'il y ait de Grives dans le canton, elles viendront se poser & sur le buisson qui est aussi garni de gluaux, & sur les arbrisseaux, & sur la terre où est la muë, à l'entour de laquelle on a placé aussi des gluaux ; & par ce moyen on prend une quantité prodigieuse de ces especes de Grives, qui sont très-bonnes dans cette saison.

Pour que les Grives s'apperçoivent de l'endroit ainsi préparé, si elles n'en approchoient pas naturellement, quelqu'un faisant un grand détour pour les prendre par derriere les fait avancer en les approchant doucement, & les conduit ainsi du côté du Chasseur, qui les attend & ne doit sortir de sa place pour en prendre une seule, puisqu'étant engluées elles s'échappent difficilement dans un terrain à découvert.

CHAPITRE XVIII.

Pour prendre des Beccassins & Beccassines.

SUr la fin du mois d'Août jusqu'à la fin de Septembre les Beccassins sont attroupés, ils voltigent & se posent le long du bord des rivieres. C'est alors qu'ils sont bons & gras; & qu'il est aisé de les prendre à la glue: on y réussit avec des gluaux longs de deux à trois pieds piqués en terre, & panchés à deux ou trois doigts proche de la rerre, parce que ces oiseaux sont petits & qu'ils passeroient par-dessous sans y toucher, s'ils n'étoient inclines convenablement.

On place ces gluaux sur les bords des rivieres, ruisseaux, & étangs, que ces oiseaux fréquentent, & dans les endroits où on a remarqué qu'ils se posent le plus ordinairement ; on en prend beaucoup de jour, & encore plus au clair de la lune : on les appelle avec des pipeaux, avec lesquels on contrefait leur petit gasouillement ou cris, & on les attire par ce moyen : si on n'a pas d'appeau, après avoir tendu & garni de gluaux les endroits que vous trouvez convenables à cette chasse : vous allez chercher les Beccassins en vous éloignant du bord en allant, pour ne point les éloigner, mais en revenant vous en approchez, & vous les conduisez par derriere marchant lentement & observant où ils se posent ; ainsi vous les faites partir & aller droit aux endroits où vos gluaux sont placés ; si c'est le long d'une riviere ou d'un ruisseau, il est bon qu'il y ait une personne qui ait tendu chacune de son côté & qui se les renvoye mutuellement.

Il est nécessaire de faire attention à ceux qui se prennent aux gluaux, car d'abord qu'ils peuvent entraîner celui qui les tient, ils se jettent dans l'eau & s'y plongent ; alors on a beaucoup de peine à les attraper, à moins que de se mettre dans l'eau, ou de les en tirer avec une perche, au bout de laquelle on a attaché

attaché un double crochet de bois d'épine ou autre, avec quoi on les retire à soi ; il faut user d'adresse & de ruse, car au moment qu'ils voyent la perche, ils se plongent ; mais le gluau qui les tient les empêche d'ôter la connoissance du lieu où ils sont, & de s'enfoncer dans l'eau autant qu'ils pourroient le faire sans cela. On peut aussi se servir d'un Barbet pour les attraper.

Il n'en est pas de même des Beccassines, qui sont un très-excellent manger ; car ce n'est pas seulement sur le bord des rivieres & des ruisseaux qu'elles se prennent aux gluaux; mais sur la fin d'Octobre, & pendant tout l'Hiver étant en très-grande troupe, on en prend davantage dans les lieux humides & fongeux, le long de quelques petits ruisseaux d'eau chaude dans les prairies découvertes & sans buissons, c'est dans ces endroits où elles abordent & où elles abondent. On tend aussi de grands gluaux bien enduits de bonne glue bien préparée pour la saison, panchés sur terre de même que ceux pour les Beccassins : on se tient caché à quelque distance d'où on les voit arriver & se poser ; s'il y en a de prises on s'en apperçoit facilement par le mouvement qu'elles font en se débattant, &

alors on va les amasser. On peut encore se servir d'ailliers de cailles qu'on pique dans les endroits qu'elles habitent, de même que des ficelles garnies de petits collets de crin dans lesquels elles se prennent aussi, on arrête cette ficelle par un piquet à chaque bout qu'on plante en terre.

On fait aller quelqu'un avec un chien dans les lieux marécageux où elles se plaisent pour les en faire partir, & les pousser dans les piéges qu'on leur a préparé ; & étant chassées ainsi sans bruit, elles se vont poser où on les désire ; & c'est le moyen d'en prendre en très-grande quantité.

CHAPITRE XIX.

Pour prendre des Allouettes.

JE croi que peu de personnes ignorent la façon de prendre des Allouettes & des Mauviettes avec les fillets & le miroir ; & même avec les collets de crin, dont un seul brin est capable d'arrêter une Allouette. Mais la meilleure méthode pour en prendre en plus grand nombre & très-facilement, c'est avec les gluaux. On les fait de trois différentes hauteurs ; les plus longs sont de quatre à cinq pieds, & les autres sont de moindre hauteur à proportion ; on les englùe seulement de la hauteur de douze à quinze pouces, quoique plus longs ils sont englués, mieux ils vallent. On les enveloppe d'une toile cirée en autant de paquets qu'ils sont de grandeurs différentes ; plus on en a, plus est longue la tendue qu'on en fait ; quinze cens peuvent suffire, mais moins tiendroit trop peu d'espace, quoiqu'on puisse en faire une petite tendue avec douze cens & moins.

Cette chasse se fait en Octobre d'abord que les gelées blanches se font sentir ; car c'est alors que les Allouettes s'attroupent, & tout le tems qu'elles sont attroupées, on fait bonne chasse ; c'est le soir ordinairement au Soleil couchant qu'on réussit à prendre ces oiseaux, quelquefois aussi le matin lorsque le Soleil se leve ; & quand il fait froid, ou qu'il y a de la neige sur terre ; il y fait bon pendant tout le jour, car les Allouettes sont alors toujours en grande bande.

Pour faire cette chasse, on va dans les champs, & on les parcourt en se promenant, jusqu'à ce qu'on ait trouvé une troupe de Mauviettes suffisante pour s'y arrêter avec espérance d'en avoir une grande partie. Lorsqu'on est assuré du lieu où elles sont, on les laisse tranquilles, & on tend les gluaux à quelque distance d'elles. On les plante en terre droits comme des cierges, ou tous panchés sur le même côté en ligne droite; plus cette ligne est longue, mieux vaut la tendue. Après que les gluaux les plus courts sont posés à distance d'un ou de deux pieds l'un de l'autre, on pose les plus grands piqués aussi en terre dans le même sens, & dans l'entre-deux des précédens pour en garnir le vuide.

Lorsque la place est préparée de cette sorte, alors deux personnes prennent un détour suffisant pour ne point faire partir les Mauviettes; ayant passé derriere elles, on étend un grand cordeau dont chaque personne porte un bout, & laissant traîner le milieu de ce cordeau par terre sur le chaume, elles le ramenent lentement vers les gluaux. On attache à ce cordeau quelques branches d'épines, ou d'autre bois de distance en distance, qu'on fait traîner sur le chaume, le petit bruit que ce cordeau & ces épines font en rasant la terre ne laisse aucunes Mauviettes sans les faire partir; on peut aussi faire suivre quelques personnes éloignées du cordeau qui marcheront très-lentement, pour qu'elles n'épouvantent point ces oiseaux, quand ils voltigent à rase terre.

Il faut que le cordeau soit beaucoup plus long que la longueur de la tendue des gluaux, parce qu'on ne le tire pas bandé, mais on le laisse ceintrer sur le chaume. Les Allouettes entendant le bruit du cordeau & des branches qui y sont attachées, s'envolient sans être effrayées & sans s'élever, elles vont se placer alternativement les unes devant les autres en approchant de la tendue ; on fait passer ainsi les Mauviettes sur les gluaux qui arrêtent toutes celles qui les touchent, & celles qui les évitent ne vont pas loin, parce qu'elles ne sont point effarouchées ; quand la troupe d'Allouettes qui ne volle qu'à rase terre est passée sur votre tendue, vous en restez là, jusqu'à ce que vous ayez ôté les Mauviettes prises, & que vous ayez redressé & retendu vos gluaux.

Cette opération faite, on repasse de l'autre côté des Mauviettes en prenant un détour, pour ne point les faire relever infructueusement ; on étend derriere elles le cordeau comme auparavant, on le ramene doucement du côté des gluaux en le laissant traîner sur le chaume : on fait ainsi passer & repasser à différentes fois les Mauviettes sur les gluaux jusqu'à ce que la troupe soit diminuée à tel point qu'elle ne vaille plus la peine de la conduire ; après en avoir pris telle quantité qu'on desire, on ramasse les gluaux sains qu'on renveloppe dans leur toile cirée, sans laisser ceux qui sont remplis de plumes dont on fait aussi un paquet, qu'on rapporte & dont on ôte les plumes en les passant sur un feu clair, comme on l'a enseigné dans le Traité de la Pipée, Chapitre 4. afin de les enduire de nouveau de glue pour retourner faire la même chasse une autre fois.

Il est bon d'avertir qu'au défaut de deux personnes qu'on place à distance de chaque bout de la tendue, on y met des petites baguettes à quoi sont attachés des morceaux de papier blanc, pour que ceux qui traînent le cordeau aillent droit aux gluaux : ces baguettes leur servent de guide & les empêchent de donner de travers dans la tendue, sans quoi ils ne s'appercevroient pas de la direction de leur marche, qui doit tendre précisément au lieu garni de gluaux. Les Chasseurs doivent aussi sçavoir que plus le tems est calme & sans vent, mieux les Allouettes ſont faciles à conduire, plus elles vollent bas, & mieux les gluaux tiennent tendus, car ils ne doivent pas être piqués ſi avant en terre, qu'ils ne puiſſent tomber avec les Allouettes qui s'y ſont arrêtées. Il eſt inutile de dire qu'il ne convient pas aller à cette chaſſe par un tems pluvieux, par les raiſons alléguées au Traité de la Pipée, & que les Chaſſeurs doivent ſçavoir.

CHAPITRE XX.

De l'Abrevoir.

L'Abrevoir eſt une place d'eau courante ou dormante, où les oiſeaux vont boire & ſe baigner à toute heure du jour dans toutes les ſaiſons de l'année.

Ceux qui veulent s'amuſer de ce divertiſſement, font une loge de feuillage auprès de l'Abrevoir pour s'y tenir cachés à l'ombre, & où l'on peut en prenant des oiſeaux s'amuſer à lire ou à tout autre paſſe-tems; car ces oiſeaux avertiſſent par leurs cris qu'ils ſont pris.

On diſpoſe des perches de côtés & d'autres de cet Abrevoir, ou tout le long du courant de la Fontaine en pliant ces perches, tant en travers que des côtés, & on y fait des entailles comme pour la Pipée ; afin d'y pouvoir tendre des gluaux préparés ; si c'est dans une espéce de marre, on plante quelques perches aux bords & aux environs que l'on garnit de gluaux.

Après que le Chasseur a préparé & tendu les perches, il se retire dans la loge, qu'il a construit de façon qu'il puisse découvrir aisément ce qui se passe sur les perches sans être apperçu : il n'y sera pas long-tems sans être obligé d'en sortir pour aller prendre quelques oiseaux, pour peu que le lieu où est la tendue en soit fourni.

On se sert même à poser le long du courant d'une fontaine, d'une quantité suffisante de reginglettes, qui tiennent les oiseaux pris jusqu'à ce que le Chasseur vienne les en tirer, à moins que les Renards ne viennent les en arracher ; car ils accourent volontiers où ils entendent des oiseaux crier.

Ces reginglettes sont des coudres de deux à trois ans pliés en forme d'arc, au moyen d'une petite corde en double nouée par le milieu, qui tenant à un bout de cette coudre en arc passé dans le gros bout par un petit trou quarré qu'on y a fait avec un couteau pointu, où eſt retenue la petite corde à l'endroit du nœud par le moyen d'un bout de branche longue d'un demi-pied, quarée par un bout à proportion du trou de la reginglette, & groſſe comme une bonne plume à écrire ou quelque peu plus, pour tenir la reginglette tendue.

A cette petite corde double eſt attachée un petit morceau de bois gros comme le bout d'une plume de poulle & long d'un demi-pouce ſeulement, pour que la corde ne puiſſe s'échapper par le trou de la reginglette, & pour la maintenir en forme d'arc ou d'arbalette telle que celles que font les enfans; les Figures ſuivantes ſerviront de modéles.

Pour tendre les reginglettes, on tire la petite corde hors du trou juſqu'à ce que le nœud en ſoit ſorti; on appuye ce nœud ſur la cheville longue qu'on appuyé ſur le trou quarré, & retenant cette coudre pliée, on dédouble la corde qu'on étend ſur cette eſpéce de cheville ſur laquelle les oiſeaux poſant leurs pattes, elle tombe, & la coudre pliée s'étendant, retire avec précipitation cette petite corde dans laquelle les pattes des oiſeaux ſe trouvant retenues & embarraſſées, ils reſtent pris ſuſpendus à la reginglette. Les Figures ſuivantes feront connoître de quelle façon ces reginglettes ſont conſtruites ; les deux bouts d'une reginglette ſont aigus & pointus, afin que les oiſeaux ne puiſſent ſe poſer deſſus.

Petite Corde

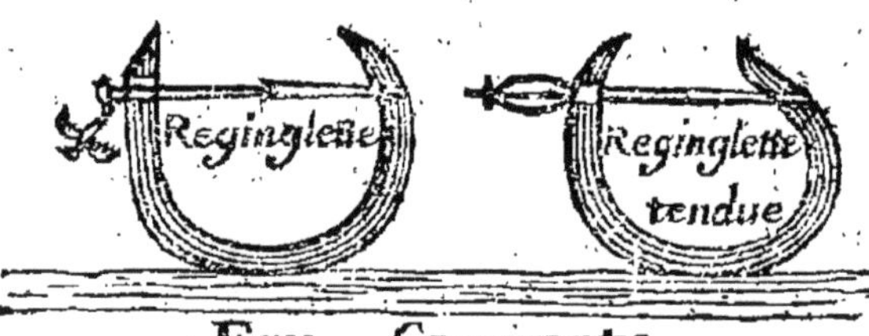

On prend par ce moyen toutes ſortes d'oiſeaux qui ſe branchent, & qui ſe poſent de côtés & d'autres avant que de s'approcher de l'eau.

On met auſſi pluſieurs de ces reginglettes tendues ſur des paquets de chanvre mâle, où les oiſeaux ſe poſent en grande quantité pour y manger le chenevi quand il eſt mûr, ce qui arrive vers le commencement de Septembre, plutôt ou plus tard, ſuivant que les ſaiſons ſont avancées ou retardées.

CHAPITRE XXI.

De la maniere de prendre les Terrins, les Chardonnerets & les Linotes à la glue.

C'Est ordinairement au mois d'Octobre & à l'entrée de l'Hiver qu'on prend avec plus de succès les Chardonnerets & les Linotes de vigne, particulierement lorsqu'ils sont attroupés, que les vivres commencent à devenir rares pour eux à la campagne, & qu'ils s'adonnent aux chardons de Bonnetiers & aux glouterons, dont la graîne leur sert pour lors de nourriture.

On cueille de ces chardons à Bonnetiers bien garnis de têtes, dont on ôte les feuillages secs & les piquants d'alentour, pour ne se point piquer les doigts en les maniant : on plante plusieurs de ces chardons ainsi préparés, assezprofondement en terre, pour que le vent ne les puisse faire tomber ; on les place dans des lieux à l'abri où donne le Soleil que les Chardonnerets & les Linotes recherchent dans les tems froids & venteux : on examine les endroits qu'ils fréquentent par préférence, & sur-tout ceux où il y a des glouterons, qu'ils recherchent, & dont ils aiment beaucoup la graine.

On se sert de plumes ébarbées d'aîles de poules ou de pigeons, qu'on passe l'une dans l'autre en forme de Croix de Saint André; on englue les bouts supérieurs de cette Croix de plumes, & on laisse les bouts inférieurs sans les engluer, tant pour ne point se poisser les doigts, que pour pouvoir les placer sur chaque tête de chardons sur lesquels ces petits oiseaux venant à se poser, sont pris à l'instant, & on va les amasser & mettre dans une cage que l'on porte avec soi à cet effet. Pour leur ôter la glue dont ils sont poissés, on se sert d'huile avec laquelle on frotte les plumes qui en sont gâtées, ou d'eau chaude, mais l'huile vaut mieux.

On se sert de gluaux à l'ordinaire que l'on disperse de côtés & d'autres sur les glouterons; on est assuré d'en prendre plusieurs de chacune de ces espéces; on en prend encore fort souvent avec les filets d'Allouettes & le miroir, qui les attirent aussi: ces petits oiseaux pris réussissent très-bien en cage & dans des volieres; car après quelques jours de tristesse, ils mangent & ils chantent, ce qui même leur arrive plûtôt, si on les met avec d'autres qui soient apprivoisés ; on en fait des vollieres gracieuses pour les personnes qui aiment cette occupation, & c'est un amusement durable & journalier de très-petite dépense.

Pour mieux réussir à cette chasse, on pique en terre de ces chardons préparés comme on vient de le dire, dans des places garnies de glouterons, & on pose auprès de ces chardons tendus des cages dans lesquelles sont des Appellans, soit Linotes, soit Chardonnerets, qui ne tardent pas à en faire venir d'autres, pour peu qu'il y en ait aux environs, & on en prend quantité de cette sorte ; mais il faut que le Chasseur soit bien caché, & qu'il puisse voir de sa cache ceux qui se prennent pour ne les point laisser échapper : ce n'est pas qu'on n'en prenne aussi sans Appellans ; il s'agit d'observer seulement où ces petits oiseaux se mettent le plus ordinairement : ils ne manquent jamais de se poser sur les chardons, & encore plus volontiers sur les glouterons.

Ces sortes de chasses sont récreatives, principalement pour les enfans, quoique j'aye vû bien des personnes hors d'enfance & même fort raifonnables, s'en amufer beaucoup. Les Oifeleurs fe fervent ordinairement de filets faits exprès à mailles ferrées & de fil fin pour prendre ces petits oifeaux dont ils font commerce.

Les Terrins qui font auffi des oifeaux à mettre dans les volieres, fe prennent facilement fur les aulnes, dont ils mangent la graine; pour peu qu'on fouhaite avoir de ces oifeaux qui ne reftent pas dans ces climats pendant l'Eté, on en prend l'Hiver & au commencement du Printems, étant très-communs dans ces faifons. Il s'agit d'avoir un Appellant & de placer des petis gluaux après des perches plantées droites après lefquelles ces gluaux tiennent, au moyen d'un petit coup de couteau avec quoi on y fait des entailles pour les placer; les Terrins fe pofent deffus pour s'amufer avec les Appellans, qu'ils tâchent d'approcher, & c'eft le moyen d'en prendre fans peine; on peut, pour être plus fûr, tendre dans les endroits où il y a de ces arbres d'aulnes chargés de graine, qui y tient jufqu'à ce que la féve la faffe tomber au Printems.

CHAPITRE XXII.

Moyens de prendre des Pinsons & autres oiseaux avec des fallots allumés pendant la nuit.

A La campagne où l'on ne sçait souvent dequoi s'amuser pendant l'hiver; la nuit étant venue, le tems tranquille & sombre sans clair de Lune, on examine les gros buissons qui servent de gîte pendant la nuit à toutes sortes d'oiseaux. On a une branche de bouilleau bien touffue & bien garnie de petites branches effeuillées qu'on enduit de glue, & on prend aussi des raquettes à joüer aux volants, ou des battoirs de lessive: Armez de ces outils, on va le long des hayes & des buissons, quelques-uns frappent dessus avec une bonne perche, pendant que d'autres avec des torches de pailles allumées ou des flambeaux ordinaires se tiennent tranquilles, & ceux qui sont armés de la branche de bouilleau, de raquettes & battoirs sont auprès de celui qui tient la torche, ou flambeau allumé, qui voyant venir à eux les oiseaux que celui qui bat les buissons en fait sortir, & qui ne manquent pas d'aller droit au feu, si on n'y fait pas trop de bruit, les abattent à mesure qu'ils arrivent, & on les ramasse à la lueur du flambeau; de cette façon on en prend aussi beaucoup de toutes espéces, pourvû qu'on observe bien ce que j'ai dit: On appelle cette sorte de chasse la Pinsonnée ou Brandonnée, à cause des Pinsons qu'on y prend, & des brandons ou fallots allumés dont on se sert pour la faire.

Je ne parle point ici de la maniere dont on prend les Corbeaux pendant les neiges aves les cornets de papiers rendus solides avec un peu de cire d'Espagne & englués aux bords, au fond desquels on met de la chair pour appas gros comme une noix; je crois qu'on trouve cette façon de les prendre dans les Ruses Innocentes qui se vendent au Palais chez M. Saugrain fils.

Mais je puis dire qu'on prend des Corbeaux en très-grand nombre par les appas faits avec de la chair dans laquelle on pétrit de la noix vomique rapée, dont on fait des petites boulettes ou gobbes, qu'on jette au tems des neiges dans les lieux que les Corbeaux fréquentent; car ne ne trouvant alors rien à manger, ils ne négligent pas ces gobbes qu'ils n'ont pas plûtôt avallées, qu'ils restent étourdis sur la place, ou s'ils s'envollent ils ne vont pas loin sans tomber; d'abord qu'on s'apperçoit que quelque Corbeau en a amassé, on le conduit de la vûe jusqu'à sa chûte, dont il ne se releve que très-difficilement. On en détruit beaucoup par ce moyen, qui se pratique ordinairement avec succès & beaucoup de plaisir pour les Chasseurs.

Comme ces sortes de chasses ne sont point défendues, parce qu'elles ne portent préjudice à personne, on peut s'en amuser à la campagne l'hiver & dans les saisons convenables. Le plaisir & le profit concourant ensemble, on risque peu de prendre ce passe-tems.

Les enfans s'amusent aussi beaucoup à tendre au tems des neiges des clayes ou des portes, ou des cerceaux garnis de collets, qu'on place dans des endroits où après les avoir ballayés l'on jette des pailles, on met un bâton pour soutenir les clayes ou portes, auquel on attache un grand cordeau qui répond à une fenêtre ou trou par où on regarde s'il y a des oiseaux posés sous ces clayes ou portes, alors on tire le cordeau, qui enlevant subitement le bâton qui sert d'appui, fait tomber sur les oiseaux ces portes ou clayes ainsi tendues.

Il y a des trebuchets en cage & ceux faits avec le sureau pour les Mezanges ; & avec deux tuilles posées & appuyées l'une contre l'autre par le bout supérieur entre lesquels on passe un épic de bled, de seigle d'orge ou d'avoine ; d'abord qu'un oiseau tire cet épic les deux tuilles tombent en se croisant, & écrasent ou étourdissent l'oiseau qui est dessous ; les Pinsons, les Verdieres & les Moineaux sont ordinairement les victimes de cette ruse enfantine, qui amuse plus qu'elle n'enrichit.

FIN.

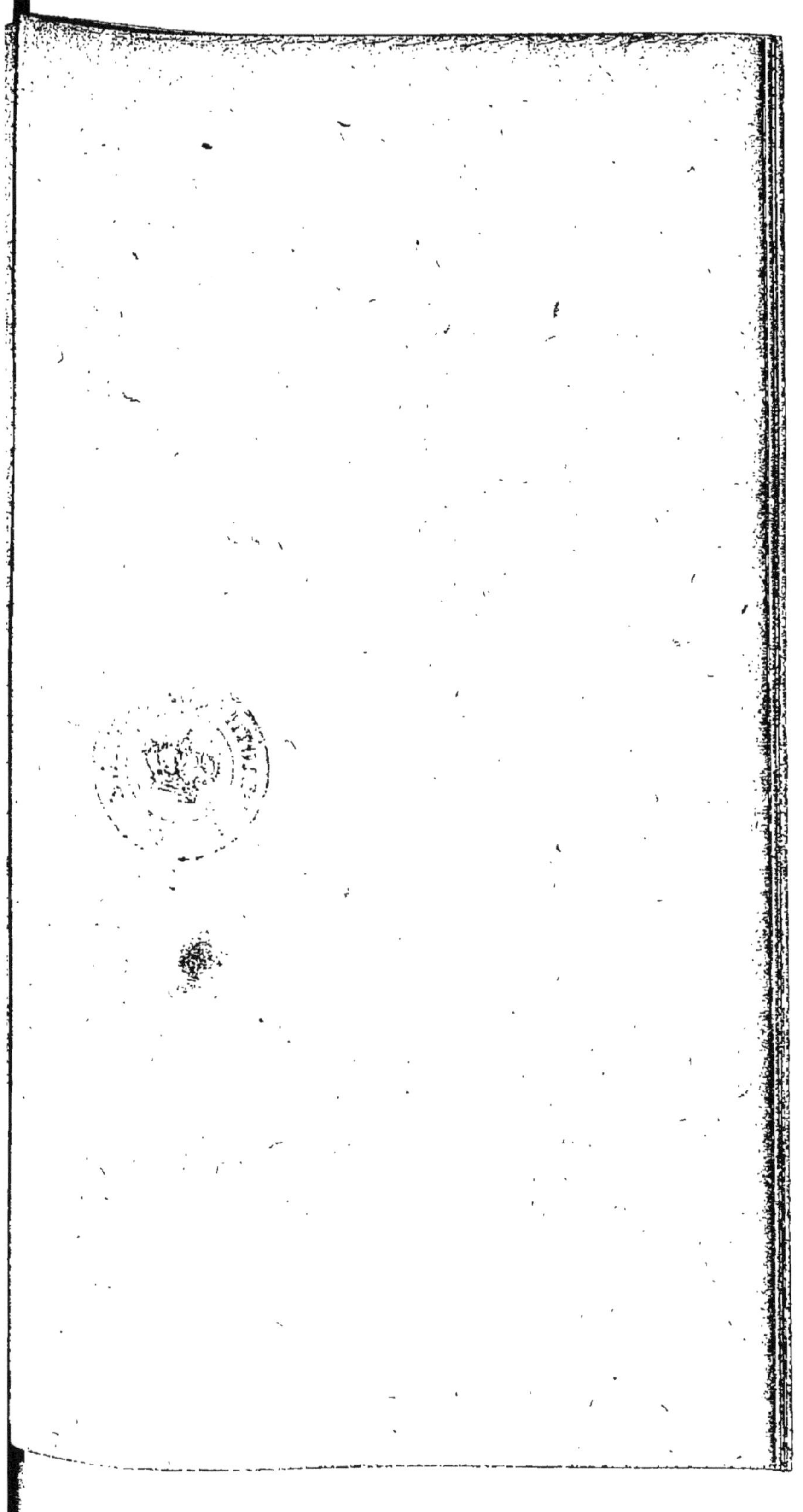

APPROBATION.

J'AI lû par ordre de Monseigneur le Chancelier un Livre qui a pour titre : *Moyens de conserver le Gibier*, ou *Traité de la Pipée*, & j'ai cru qu'on pouvoit en permettre une nouvelle Edition. A Paris le 15. Juin 1743.

MAUNOIR.

PRIVILEGE DU ROY.

LOUIS, PAR LA GRACE DE DIEU, ROI DE FRANCE ET DE NAVARRE : A nos amés & feaux Conseillers, les Gens tenans nos Cours de Parlement, Maîtres des Requêtes ordinaires de notre Hôtel, Prévôt de Paris, Baillis, Sénéchaux, leurs Lieutenans Civils, & autres nos Justiciers qu'il appartiendra : SALUT. Notre bien amé le sieur SIMON Censeur Royal, Nous a fait exposer qu'il désiroit faire imprimer & donner au Public un Ouvrage qui a pour titre: *Moyens de conserver le Gibier, avec des additions*, s'il Nous plaisoit de lui accorder nos Lettres de Privilége pour ce nécessaires, Nous lui avons permis & permettons par ces Présentes de faire imprimer l'Ouvrage ci-dessus en un ou plusieurs volumes & autant de fois que bon lui semblera, & de les vendre, faire vendre & débiter par tout notre Royaume pendant le tems de trois années consécutives, à compter du jour de la datte desdites Présentes. Faisons défenses à tous Libraires & Imprimeurs & autres personnes de quelque qualité & condition qu'elles soient, d'en introduire d'impression étrangere dans aucun lieu de notre obéissance; à la charge que ces Présentes seront enregistrées tout au long sur le Registre de la Communauté des Libraires & Imprimeurs de Paris dans trois mois de la datte d'icelles; que l'impression dudit Ouvrage sera faite dans notre Royaume & non ailleurs, en bon papier & beaux caractéres, conformément à la feuille imprimée attachée pour modéle sous le contre-scel desdites Présentes; que l'Impétrant se conformera en tout aux Réglemens de la Librairie, & notamment à celui du 10. Avril 1725. & qu'avant que de les exposer en vente, le Manuscrit ou Imprimé qui aura servi de modéle à l'impression dudit Ouvrage sera remis dans le même état où l'Approbation y aura été donnée ès mains de notre très-cher & feal Chevalier le Sieur DAGUESSEAU, Chancelier de France, Commandeur de nos Ordres; & qu'il en sera ensuite remis deux exemplaires dans notre Bibliothéque publique, un dans celle de notre Château du Louvre, & un dans celle de notredit très-cher & feal Chevalier le Sieur DAGUESSEAU, Chancelier de France : le tout à peine de nullité des Présentes, du contenu desquelles vous mandons & enjoignons de faire jouir ledit Exposant & ses ayans causes pleinement & paisiblement, sans souffrir qu'il leur soit fait aucun trouble ou empêchement. Voulons qu'à la copie desdites Présentes, qui sera imprimée tout au long au commencement ou à la fin dudit Ouvrage foi soit ajoutée comme à l'original. Commandons au premier notre Huissier ou Sergent de faire pour l'exécution d'icelles tous actes requis & nécessaires, sans demander autre permission, & nonobstant clameur de Haro, Charte Normande & Lettres à ce contraires. CAR tel est notre plaisir. DONNE' à Paris le trentiéme jour du mois d'Août, l'an de grace mil sept cent quarante-trois, & de notre Regne le vingt-huitiéme. Par le Roi en son Conseil. SAINSON.

Registré sur le Registre XI. de la Chambre Royale des Libraires & Imprimeurs de Paris, N°. 222. fol. 184. conformément aux anciens Reglemens confirmés par celui du 28 Février 1725. A Paris le 2. Septembre 1743. Signé, SAUGRAIN, *Syndic.*

www.ingramcontent.com/pod-product-compliance
Ingram Content Group UK Ltd.
Pitfield, Milton Keynes, MK11 3LW, UK
UKHW020957230726
13923UKWH00007B/487